HUYANG
GAOXIAO YANGZHI

湖羊
GUANJIAN JISHU
高效养殖
关键技术

李文杨　段心明　魏国桢　徐　倩
吴小华　吴贤锋　刘　远　魏明平 ◎编著

U0214577

海峡出版发行集团
THE STRAITS PUBLISHING & DISTRIBUTING GROUP
| 福建科学技术出版社
FUJIAN SCIENCE & TECHNOLOGY PUBLISHING HOUSE

图书在版编目（CIP）数据

湖羊高效养殖关键技术 / 李文杨等编著. —— 福州：
福建科学技术出版社, 2024.12. —— ISBN 978-7-5335
-7410-9

Ⅰ. S826

中国国家版本馆CIP数据核字第2024JF2843号

出 版 人　郭　武
责任编辑　李景文
编辑助理　黎造宇
装帧设计　余景雯
责任校对　林锦春

湖羊高效养殖关键技术

编　　著　李文杨　段心明　魏国桢　徐　倩　吴小华　吴贤锋　刘　远
　　　　　魏明平
出版发行　福建科学技术出版社
社　　址　福州市东水路76号（邮编350001）
网　　址　www.fjstp.com
经　　销　福建新华发行（集团）有限责任公司
印　　刷　福州万紫千红印刷有限公司
开　　本　700毫米×1000毫米　1 / 16
印　　张　15.5
字　　数　240千字
版　　次　2024年12月第1版
印　　次　2024年12月第1次印刷
书　　号　ISBN 978-7-5335-7410-9
定　　价　38.00元

前言 PREFACE

我国养羊业历史悠久，羊的存栏数量居世界第一。湖羊是我国特有的皮肉兼用型绵羊品种，属于世界著名的多羔绵羊品种，具有耐湿热、耐粗饲、性成熟早、母性好、四季发情、繁殖力高、泌乳性能好和适宜舍饲等优良品种特性。湖羊还具有极强的适应性，既适应我国南方气候温和、雨量充沛的环境，又适应北方夏季干燥、冬季寒冷的气候，属于同时适合在我国南北方饲养的绵羊品种。湖羊的这一优异特性为其走向全国推广养殖奠定了重要的品种基础，为我国的羊产业快速发展提供了重要保障。

羊肉作为高蛋白、低脂肪和低胆固醇的优质营养性保健型食品，具有补虚、益气和强身的功效，备受广大消费者喜爱。湖羊羊肉具有细嫩鲜美、膻味轻等特点，已从太湖流域的区域性羊肉消费产品成为全国性羊肉消费产品，从局部特定群体消费成为全民消费产品。但湖羊产业仍处在稳步向前发展的关键期，还有很多工作需要持续推进，还有很多技术需要推广应用，比如湖羊选育与繁殖技术、精细化饲养管理技术、粗饲料高效利用技术，以及湖羊日粮配制和加工技术等。

目前，湖羊在全国范围内广泛饲养，湖羊高效养殖关键技术成为广大养殖户共同关心的问题。要提高湖羊养殖的经济效益，必须真正掌握湖羊高效养殖的关键技术，要从了解湖羊的品种特性入手，掌握科学合理的羊场规划及羊舍建造、引种与保种技术、选育与杂交利用技术、精细化饲养管理技术、常用饲料的加工调制技术、日粮配制及加工技术、常见疫病的防控技术等。

为了满足广大养羊业者对湖羊高效养殖的技术需求，我们结合多年来有关湖羊品种选育、饲料营养和常见粗饲料高效利用技术等方面的科研、科技推广及生产实践经验，并查阅和引用了同行专家的有关科研成果，编写了这本《湖羊高效养殖关键技术》，尽可能帮助养殖户解决湖羊养殖过程面临的主要技术问题，旨在为湖羊种羊场、规模化饲养场、养殖专业户、基层畜牧兽医工作者和相关从业人员提供一部参考书，以推动湖羊产业的健康和快速发展。在此，笔者对所有引用其资料的有关作者、科研工作者表示由衷的感谢和崇高的敬意。

本书的出版获得福建省科学技术厅法人科技特派员后补助项目"山羊高效养殖关键技术集成应用与示范（项目编号：2020S2003）"、福建省科学技术厅科技计划公益类专项"肉羊舍饲圈养关键技术研究（项目编号：2014R1023-5）"、福建省种业项目"圈养养殖设施技术集成与示范推广（项目编号：2014S1477-19）"，以及福建省农业科学院"草食动物乡村振兴科技服务团队（项目编号：2021—2024KF06）"的资助和支持。

本书通俗易懂，内容具有一定的实用性，适于读者阅读参考。但由于作者水平有限，书中难免存在差错和不足之处，恳请广大读者给予批评指正，以便更好地为广大湖羊养殖户服务。

目录 CONTENTS

第四章 059
常见粗饲料高效利用技术

第五章 095
优质饲草栽培与利用技术

第六章 129
湖羊日粮配制及加工技术

第七章　　161
湖羊精细化饲养管理技术

第八章　　197
湖羊疫病防治技术

参考文献　　237

第一章

湖羊品种特性

第一节
湖羊起源与分布

一、湖羊的起源

湖羊是我国特有的、珍贵的绵羊品种，是我国一级保护地方畜禽品种，也是我国限制出口的畜禽良种之一，属于世界上少有的白色羔皮品种和多羔绵羊品种，具有性成熟早、四季发情、繁殖力高、一年二胎、每胎多羔、泌乳性能好、生长发育快、耐高温高湿和宜舍饲等优良性状。湖羊所产羔皮，皮板轻柔，毛色洁白，花纹呈波浪状、扑而不散，有丝样光泽等特点，在国际上享有"软宝石"之盛誉。湖羊作为珍贵的羔皮品种，在我国具有悠久的养殖历史。

据史料记载，南宋初年（公元1128年），宋王朝在金兵的威逼下，被迫迁都临安府（今杭州）。金兵在中原一带长驱直入，北方一片混乱，人民不得安生，因此大量居民，尤其是农民、手工业者和商人，跟随官府，携家带小，纷纷南迁。由于南迁居民主要是河南、山东、陕西和山西一带居民，尤其是农民较多，因此完全可能携带大量的蒙古羊来到南方，再根据这次南迁居民主要落脚于首都临安府及其附近地区的湖州一带，为湖羊的形成和当时的区域发展奠定了坚实基础，这也就说明了为什么今天湖羊被主要饲养于太湖地区的湖州一带。

北方"胡羊"迁移到太湖地区以后，并不是一下子就变成现在我们所熟知的湖羊品种。其实，湖羊的形成是一个缓慢的、长期的过程，不好明确说是某一时刻就形成了湖羊。湖羊能否形成和发展，这是和"胡羊"南迁以后，当时江南地区的自然、经济和社会条件等有很密切关系的。反过来说，如果没有当时的这种特殊条件，湖羊的形成和发展也许不可能完成，这也说明湖羊只能是南宋以后才开始逐步形成的重要原因之一。

有关湖羊的起源时间说法不一，但多数资料认为湖羊的起源在宋朝与元朝更替的年代，北方的蒙古族人携带蒙古羊南下，来到了南方的江浙一带。当时的环太湖流域人多地少，缺乏天然的放牧场地，当地居民不得不把羊群由原来在北方地区习惯的放牧改为南方地区的舍饲圈养。湖羊与蒙古羊的体型外貌相似，李群经探究大量的文献和考古资料认为湖羊来源于蒙古羊；还有众多学者通过血液蛋白酶遗传检测法，证明湖羊是由蒙古羊演变而来的。

蒙古羊在南迁太湖地区以后，尽管不利于它生长发展的因素还有很多，然而由于经济社会条件变化了，最终使它在这里生长发展的条件也改变了。蒙古羊最终在太湖地区安家落户，并长期发展起来，逐渐形成了今天远近闻名的湖羊品种。综合来看，湖羊品种得以形成，其中最有影响、最重要的原因大致有以下3个：一是舍饲圈养。由于宋王朝迁都临安府，此时北方居民大量南迁，使临安府及附近地区人口大增，这完全改变了太湖地区过去的"地广人稀"的局面，当地可用耕地也变得十分紧张。这时，随北方居民南下的蒙古羊也就自然失去了以前那种听任食野草、有较大放牧场的局面，所以它们不得不被圈养在家，从而开创了几百年来舍饲养羊的新局面。二是饲喂桑叶。自宋迁都临安府以后，江南的桑蚕业飞速发展，一跃成为全国种桑养蚕和丝织业的中心，这就给湖羊的形成和发展提供了大量的、营养丰富的枯桑叶饲料，因此湖羊在当地也称为"桑叶羊"。这也是湖羊及其优良特性如生长快、成熟早、产羔多和泌乳多等形成的重要原因之一，可见蚕桑业和湖羊形成、发展具有一定的紧密关系。三是社会需要。湖羊的形成和发展也与当时社会的需要是分不开的，原江南一带饲养的羊肉质相对来说是较差的，而"胡羊"肉味比较鲜美，营养丰富。南宋迁都以后，由于太湖地区拥有较大量北方居民，以及首都临安府对羊肉的实际需要，这就对当时"胡羊"的发展起到了很大的促进作用，也就是说使得"胡羊"落脚于江南太湖地区有了更加巩固的地位，从而奠定了"胡羊"向湖羊形成和发展的种群基础。

因此在环太湖流域特定的自然环境下，在终年舍饲的条件下，经过800多年的风土驯化，羊群逐渐适应了当地高温高湿的气候条件，蒙古羊在太湖周围的杭嘉湖一带定居下来，人工选择形成今日的湖羊品种。湖羊作为我国特有的、世界闻名的、南方高温高湿地区稀有的白色羔皮品种和多羔绵羊品种，在2000

年和 2006 年先后两次被农业部列入了《国家畜禽遗传资源保护目录》。

二、湖羊的分布

　　来源于中原一带的蒙古羊，最早饲养于浙江省湖州的长兴、安吉等地，后来逐步扩展到太湖流域的浙江、江苏等地，主要分布在浙江省的吴兴、桐乡、南湖、长兴、德清、余杭、海宁和杭州市郊，在江苏省的苏州、常州、无锡、镇江等地也有饲养，其中以苏州的吴中、常熟、太仓、吴江等地为中心产区。

　　近十几年来，随着国内产业界同仁对湖羊优良品质特性的不断推介，湖羊已引种至国内大部分的省份饲养，北至新疆、内蒙古等地，南至福建、江西、湖北等省份。经过多年的饲养证明，湖羊被不同地区引入后，能够快速适应当地的气候和饲草条件，保持其优良特性，适合规模化饲养，是羊产业化的优秀品种。

第二节
湖羊生物学特性

一、适合舍饲

　　湖羊的祖先来源于放牧的蒙古羊，迁移到环太湖流域一带舍饲圈养已有800多年的历史。主产区环太湖流域土地肥沃，但人多地少，难以放牧，故采取终年舍饲的饲养方式，而形成了湖羊全舍饲的品种特征。湖羊的群居性很强，在出圈、入圈和转栏等方面，只要选择一只年龄比较大的湖羊作为头羊，其他羊便会自动跟随头羊，并会发出维持联系的叫声。相较于其他绵羊品种多数采取放牧或半舍饲半放牧的饲养方式，湖羊成为我国独特的一个适合规模化、集约化和自动化舍饲的品种。湖羊的适合舍饲、群居性强这些特性，有利于进行规模化生产，特别适合在当前国家倡导生态保护的大环境下发展壮大羊产业，助推乡村振兴及百姓致富。

二、四季发情

大多数羊属于短日照发情动物，日照由长变短开始发情，由短变长则逐渐停止发情，发情时间受季节性限制比较明显，低繁殖率严重影响产业发展和经济效益。在环太湖流域特殊的地理环境、自然条件下，经过多年的风土驯化，孕育出了不受季节限制、四季发情、全世界不可多得的绵羊高繁殖率品种——湖羊。特别是当地大量的农作物，如甘薯藤、杂草，以及农产品加工副产品，如豆腐渣、菌糠等，能够满足湖羊常年配种产羔的营养需求，为湖羊一年两产或两年三产奠定了必要的物质基础，使湖羊的产羔率能够达到230%以上。

三、母性较强

产羔后的湖羊母羊不仅喜爱亲生的小羔羊，而且也喜欢非亲生的羔羊。如遇其他母羊分娩时，有时会站立一旁静观，待小羊羔落地后就会上前嗅闻并舔干其身上的黏液。这种甘当保姆羊的特性有助于提高需要寄养羔羊的成活率，也为多胎羔羊的成活提供保障。

四、性情温顺

湖羊性情比较温驯，喜欢安静，胆小怕惊。尤其是妊娠或哺乳母羊，如遇突然的噪声、惊吓，则易四处奔跑咩叫，不能安心采食，甚至引起流产而影响健康。因此在湖羊的饲养管理中，要创造安静的环境，驱赶羊群不能大声吆喝、鞭打。特别是对于临产母羊，切勿围观喧闹，以免造成惊吓、流产。湖羊的这一特性，要求规划建设羊场的时候要远离铁路、高速路等喧闹有噪声的区域。

五、嗅觉灵敏

母羊一般在羔羊出生后不久就通过舔羔羊身上的黏液而建立母子关系，之后在羔羊吮乳时，母羊会通过嗅闻羔羊身上的气味，确认是己羔后才会哺乳。生产中可利用这一特性寄养羔羊，即在孤羔或多胎羔羊身上涂抹保姆羊的羊水或尿液，可以达到寄养羔羊的目的。但当羔羊稍大时，若其远离母羊圈舍玩耍，此时主要靠母子之间的听觉建立联系。湖羊非常爱清洁，拒绝采食被践踏或被粪尿污染的饲草料。在饮水前也要靠嗅觉辨别水的清洁度，因此饲槽、水槽要经常清洗，饮水要采用自动饮水设备，保持清洁卫生。

六、喜干厌湿

湖羊喜干燥凉爽，厌高温高湿的环境，但其耐湿能力比其他绵羊品种要强得多。在养殖过程中，为了不影响湖羊的生产性能，日常管理要尽量提供干燥清洁的生活环境，避免高温或严寒与高湿并存的环境，因为在潮湿闷热的圈舍，湖羊容易感染各种疾病，如寄生虫病和腐蹄病。特别是在南方除了应保持圈舍等环境干燥外，还要创造夏季防暑的小环境，因为湖羊的耐热能力有限。湖羊怕光，尤其是怕强烈的阳光，因此饲养湖羊应具有较暗的生活环境。

七、采食谱广

湖羊颜面较细长，唇薄而灵活，其采食能力强，且采食谱广。湖羊喜食蛋白质含量高、粗纤维含量低的饲草，不喜欢采食带有刺毛和蜡质的饲草。湖羊属于杂食性的动物，比如笋壳、玉米秸秆、豆腐渣和酒糟等农作物秸秆或者工业副产物均可食用。湖羊喜夜食草，夜间安静、干扰少，其采食量很大，甚至可以达到日需草量的70%，产区农民总结出"白天缺草羊要叫、晚上缺草不长膘"的湖羊养殖经验。

八、叫声求食

北方的"蒙古羊"迁移到南方的太湖地区以后，由于长期舍饲圈养，在其形成和发展过程中被当地农户投喂了大量的、营养丰富的蚕桑叶等饲料，使得如今的湖羊形成了"草来张口、无草则叫"的生活习性。因此在饲养员进入圈舍或无其他外界因素应激的情况下，若听到全群湖羊发出"咩咩"的叫声，大多原因是羊只感觉饥饿引起的，此时应及时给予饲草料。

九、抗病力强

在养殖过程中做好小反刍兽疫、羊口蹄疫和"三联四防苗"等疫苗的情况下，湖羊的疫病是可控的。在生产中发现，湖羊对疫病的忍耐性比较强，即使在患病的情况下仍能适当活动，病情不易被发现。因此在饲养管理过程中，饲养员应细心观察羊只行为，对采食不积极主动、目光呆滞、反刍停止的羊只尽快隔离治疗。

十、适应性广

湖羊原核心产地为杭嘉湖平原，该地区处于北纬 30.4° ～ 31°，东经119° ～ 121°，海拔 3 ～ 7m，年平均气温 16.1℃，无霜期 226 天，年降水量在 1554.8mm，年空气相对湿度 82%。湖羊经过多年的选育、淘汰，具有极强的耐湿热的能力，是唯一能在南方地区正常生产繁育的绵羊品种。近年来，湖羊已引种至国内大部分省份饲养。不管是高海拔寒冷、干燥的地区，还是气候温和、雨量充沛、土地肥沃的地区，湖羊的生长发育和繁殖性能均表现良好。

第三节
湖羊外貌体型特征

传统意义上的湖羊就是一个肉用绵羊品种，20 世纪中期因其华丽的白色羔皮而被分类成羔皮绵羊并且沿用至今，但目前已失去实际经济意义，又基本归类为肉用绵羊品种。

湖羊初生羔羊毛色洁白、背部花纹呈波浪形，光润亮丽，是有别于其他绵羊品种的独有遗传印记，也是鉴定纯种湖羊等级的重要体貌特征。出生后 1 ~ 2 天内宰剥的羔羊皮，质轻柔软，制成饰品华丽尊贵，是我国历史上有过的出口商品，深受用户的喜爱。

图 1-1　羔羊背部花纹呈波浪形　　图 1-2　湖羊被毛的颜色为全白色

　　湖羊被毛的颜色为全白色，腹毛粗、稀而短。成年湖羊头狭长清秀趋于等腰三角形，鼻梁稍隆起而狭细，眼睛大而突出、眼球乌黑光亮，耳稍大下垂。湖羊颈部通常比较细长，体躯偏狭长，后躯稍高，背腰较平直，后驱略高于前驱，腹稍微有些下垂，四肢偏细且比较高，体格中等、体态匀称优美，侧视略成长方形。公羊颈略粗壮，体型较大，前躯较发达，胸宽而深。母羊乳房发达较丰满，呈两个半球状，乳头较为突出，多数羊长有一大一小两对乳头，泌乳量大，乳房上的乳头横向大腿内侧方向。湖羊体质结实，性情温顺，喜合群、厌争斗。

　　湖羊公母羊均无角。湖羊头上看不到，也摸不到些微的栗状角痕，如果能见到栗状角痕或能摸到栗状突起，就说明不是纯种的湖羊，只能称为杂种湖羊了。因此，羊头上无角是纯种成年湖羊的最基本特征之一。湖羊与毛用绵羊的杂合体，头型趋于等边三角形，眼小而珠略黄，耳小趋平展而灵活。湖羊与小尾寒羊的杂合体，头型与湖羊近似，但通常会有角痕，角根粗硬，呈栗状突起，鼻隆起而平宽，颈趋粗短。

　　湖羊属短脂尾，呈扁圆形，尾尖短小而上翘，其尾部外看形似饼，翻起观之呈半圆。尾部呈扁圆形是湖羊有别于其他短脂尾绵羊品种的标志性特征。在头部无角痕的前提下，尾型是鉴定成年湖羊品种纯度的标志性外形特征。近年来，由于湖羊与其他绵羊品种杂交，不同地区杂交湖羊尽管头上没有角痕，但在尾型上出现了巨大的差异。

图 1-3 湖羊公母羊均无角

图 1-4 湖羊呈扁圆形短脂尾

第四节
湖羊繁殖与肉用性能

　　湖羊具有性成熟早、四季发情、高繁殖率和产羔率高等优良特性，是世界著名的高产绵羊品种之一。湖羊产羔率高，优良母羊随着胎次的增加，表现为每胎产羔数逐步增加。据统计，通过选育湖羊母羊群在二胎的产羔率可达230%以上；三胎母羊群的产羔率可以达到260%以上，其产单羔比例在6%左右、双羔比例在41%左右、三羔比例在43%左右、四羔比例在10%左右，甚至最多的可产5～6羔，平均产羔率在250%～280%，总产活羔率高达95%以上。王元兴等在江苏吴县通过不断纯繁湖羊优势留种，将纯繁湖羊的繁殖率提升到了337.50%。这种方法虽然对湖羊繁殖率提升较大，但是需要3个世代才能达到如此高的繁殖率，耗时较长，而且选种保留的数量越来越少，应用起来有很大的局限性。湖羊繁殖率的提高应该把优势选种和人工授精结合起来，这样才能充分利用湖羊的多胎优势。

　　湖羊性成熟比较早，公羊4～5月龄性成熟，母羊6月龄体重可达到30kg以上，此时即可配种，平均受胎日龄150天左右，生产上可实现当年生、当年配、当年产羔。在南方地区，夏季气温高，当环境温度高于 30℃时，将对母羊的泌乳性能、羔羊的健康造成一定的危害，大大降低其生产性能。因此，在南方地区应尽量避免在 7 ~ 8 月的高温酷暑季节产羔，一般安排在春季 4 ~ 5 月配种，秋季 9 ~ 10 月产羔，但是这也可以通过同期发情、人工授精等繁殖技术加以调控。当然在现代化舍饲条件下，湖羊产房设计、安装湿帘等降温设施，则湖羊在一年四季均可以配种、繁殖。在夏季温度较低的北方地区就不存在这一问题。

湖羊的母性较好、泌乳力高。湖羊属于一胎多羔的优良绵羊品种，也体现在会生也会带羔的优良母性行为，产羔后的湖羊母羊不仅喜爱亲生的小羔羊，而且也喜欢非亲生的羔羊。良好的母性行为在养羊生产中至关重要，因为羔羊的死亡多发生在出生后的第一周内，有研究表明，50% 羔羊的死亡发生在出生后 24h 以内，这与母羊的母性行为优劣有很大关系。在生产中发现经产湖羊的母性行为要优于初产母羊，母羊群体中绝大部分的经产母羊能及时舔初生羔羊身体，羔羊寻找母乳时，能够将乳头提供给羔羊。因此生产中应注意观察湖羊的母性行为，选留母性好的母羊作为种用，淘汰母性行为差的母羊。

湖羊生长速度快，特别是体现在早期，2 月龄断奶平均体重在 14 ~ 16kg，6 月龄平均体重可达 32 ~ 35kg，成年公羊平均体重在 90kg 左右，成年母羊平均体重在 65 ~ 70kg。

对于肉用品种来说，肉用性能主要通过屠宰率、净肉率和肉骨比等指标来衡量。俞坚群（2006）对 1 ~ 2 岁龄的 100 只湖羊进行了体重、体尺测定，其中 1 岁公羊 16 只、母羊 40 只，2 岁公羊 12 只、母羊 32 只，另对 80 只（其中公羊 33 只、母羊 47 只）体重 50kg 湖羊进行屠宰测定。结果表明：成年公羊平均体重、体高、体长、胸围分别为 76.3kg、75.4cm、90.7cm、103.7cm；成年母羊则分别为 48.9kg、70.4cm、79.5cm、90.3cm。公羊屠宰率、净肉率、骨肉比分别为 50.4%、42.1% 和 1：5.48；母羊则分别为 47.9%、40.4% 和 1：5.41。试验表明湖羊 1 岁以后，母羊生长发育已趋于平稳，体重和体型变化不大；而公羊则尚有生长空间，应适当提高其营养水平，充分发挥其体型较大的优良遗传性状。通过本次测定结果与 20 世纪 80 年代初测定的相应数据进行比对，表明现阶段湖羊的体重、体尺指标、屠宰性能均有明显提高。随着湖羊保种选育工作的深入进行和先进饲养管理水平的提高，生长速度明显加快，肉用性能进一步提高。

羊肉肉质性状主要通过熟肉率、失水率、嫩度、pH值、肉色、大理石花纹、滴水损失、粗蛋白和粗脂肪等指标来体现。湖羊肉肉质鲜嫩、瘦肉多、脂肪少、胆固醇含量低，是一绿色的肉食产品，符合高蛋白、低脂肪、低胆固醇的动物食品，深受广大消费者喜爱。有研究结果表明，湖羊肉水分含量为73.3%左右，粗蛋白含量为20.6%左右，粗脂肪含量为4.8%左右。

第五节
湖羊规模化发展的可行性

近年来，我国养羊业进入快速发展时期，市场对羊肉的需求逐年提高，我国肉羊出栏量、羊肉产量迅速增加。高效规模化、集约化、产业化养羊，已经成为我国肉羊产业发展的必然趋势。湖羊属于我国优良品种，具有很多优良性状，既可以在我国南方各省份舍饲圈养，又可以在广大北方地区舍饲圈养。

湖羊产业是一个可以做大做强的产业。一是当前具有消费市场的优势。羊肉属于高蛋白、低胆固醇的肉类产品，因其饲料品质比较天然，饲养环节很少使用抗生素，其肉质鲜美，深受消费者的喜爱。二是符合国家鼓励的种养结合的生态循环农业发展理念。湖羊几乎能消耗种植业竹、果树等所留下来的所有废弃物，以及食品加工企业的附属品，如甜玉米秸秆、笋壳、香蕉叶、蔬菜收割后的茎叶、豆腐渣、酒糟和农产品加工下脚料等。而湖羊养殖多采用漏缝羊床平养模式，排出的粪便呈颗粒状，比较干燥，易于收集，且肥力高、肥效长，对环境的污染小，是种植业最理想的有机肥料。通过羊粪促进种养殖的生态循环，并形成长效机制。应大力推广羊粪无害化处理技术，为种植业提供优质有机肥，形成种养结合的生态农业循环样板工程和可推广模式。三是有利于促进秸秆饲料收集加工体系建设。建议在农作物秸秆资源丰富的区域建立玉米秸秆、花生秸秆和笋壳等废弃农作物收集贮存点，通过一定的技术进行秸秆高效利用变废为宝，通过裹包青贮或青贮窖储存等方式，转化成优质的湖羊饲料。

　　湖羊规模化养殖及所需的饲草、饲料和农作物秸秆，可以带动一产的快速发展；建立羊肉深加工企业，进行湖羊屠宰分割深加工，甚至进行湖羊皮毛制品的深加工，打造知名品牌，可以带动二产的发展；湖羊及产品的销售，可以带动三产稳定发展。湖羊规模化养殖具备的这些优势，既是潜在的又是现实存在的，既能优化现有的农业产业结构，又能实现一、二、三产业高度融合，推动现代湖羊产业体系建设，提升湖羊全产业链发展，为湖羊产业的发展提供科技支撑。

第二章

规模湖羊场建造
与设施设备

第一节
羊场选址、规划与布局

羊舍是湖羊的栖身之地，属于影响其生长发育的重要外界环境条件之一。羊舍建筑是否合理，能否满足湖羊的生理要求和便于饲养管理，对湖羊生产力发挥有一定的关系。羊舍应建在地势较高、地下水位低、通风排水良好，背风向阳的地方。水源清洁要求无污染，供应充足，以保证工作人员、羊只的生产生活用水。一般湖羊的需水量夏秋季大于冬春季，每只羊日需水量为 5～10L。羊场要求交通、通信方便，有足够的能源，还应具备一定的防火救灾能力，以确保防疫安全。圈舍距主要交通干线和河流应保持 500～1000m 以上。

湖羊场内建筑物主要有：羊舍、产羔房、人工授精室、兽医室、饲料库房、干草棚、饲料加工车间、青贮装置、水塔、办公用房及职工生活用房和病羊舍等。羊场内各建筑物的布局，应根据羊场规划统筹考虑，既要保证羊只正常生理健康需要和生产要求，又要便于生产管理和提高劳动生产效率，还要能合理利用土地资源和节约基本建设投资，布局力求紧凑、合理和实用。具体来讲，每栋羊舍之间应相距 6～8m，以保证羊舍之间的通风换气，并预留机械清粪车的通道；饲料储备与加工设备之间应相距较近，并尽可能靠近场部大门，以方便运输；青贮设施应建在距离羊舍较近的地方，方便取用、转运和饲喂羊群；人工授精室可设置在成年公、母羊羊舍之间或附近，以方便操作；兽医室和病羊隔离舍应设置在羊场的下风方向，应距离羊舍 100m 以上，附近设计处置病羊尸体的设施；办公管理区和职工生活区一般都放在场部内的大门口附近，以上风方向为宜。

第二节
羊场建设基本要求

一、羊舍建筑面积

羊舍面积大小，应该根据饲养羊的具体数量而定。面积过大，浪费土地资源和建筑材料等；面积过小，舍内过于拥挤，内部环境差，有碍于羊体健康。湖羊的养殖密度相比山羊可以适当高些。一般羊舍标准按每只公羊 $2m^2$、母羊 $1m^2$、生长肥育羊 $0.8m^2$ 设计。

以存栏 5000 只湖羊，可配置母羊 1500 ～ 1800 只、以本交繁殖模式配置公羊 60 ～ 80 只，若采用人工授精技术，配置公羊 15 ～ 20 只即可。目前大部分湖羊场母羊两年可以保证 3 胎，随着精细化饲养管理程度的提高，甚至有的可达到每年 1.8 ～ 2.0 胎，每只母羊年供羔羊至少 3 只以上，肉羊饲养 6 ～ 8 个月出栏。由此，羊栏净面积共计 5000 ～ 6000m² 即可。

羊舍内净宽度（不包括两侧外墙宽度）为 6.5 ～ 8.0m，其中舍内过道 2.5 ～ 3.0m（使用电动喂料车投喂可适当宽些），两侧羊栏净宽各 2.0 ～ 2.5m、净长 4.0m 左右；在离地平养模式下，如果是人工清粪，过宽的羊栏会增加清粪难度；如果采取机械清粪设备或传送带传输模式，就不存在这个问题。

综合土地利用效率和集约化饲养管理考虑，将湖羊羊栏设计建成宽 2.5m、长 4.0m 较合适；以每头湖羊采食栏位 20 ～ 30cm 计，每栏可饲养 10 ～ 15 头湖羊。将舍内过道建成 2.5 ～ 3.0m，为将来机械撒料车的使用留下余地，因为提高规模湖羊场机械化生产程度是社会发展的必然趋势。

二、羊舍的温湿度

在羊群产羔的冬季，为了避免羔羊由于低温导致的生产损失，冬季产羔舍温度最低应保持在 8℃ 以上，而一般羊舍则在 0℃ 以上。湖羊对炎热比较敏感，夏季舍温不宜超过 30℃。湖羊对湿度的耐受性不高，过湿的养殖环境容易损害羊只的关节及滋生寄生虫病，因此，羊舍应尽量保持干燥卫生，地面不能太潮湿，空气相对湿度以 50% ～ 70% 为宜。

三、羊舍的通风换气

羊舍的通风换气极为重要，尤其是在南方地区相对湿度过大的情况下。湖羊在饲养过程中，其呼吸和有机物的分解会产生大量的有害气体。因此在设计方面，羊舍的通风换气性能要符合卫生要求。通风换气参数如下。

冬季：成年绵羊每只 0.6 ～ 0.7m³/min，育肥羔羊 0.3m³/min。

夏季：成年绵羊每只 1.1 ～ 1.4m³/min，育肥羔羊 0.65m³/min。

如果采用管道通风，舍内排气管横断面积为 0.005 ～ 0.006m²/ 只，进气管面积占排气管的 70%。

第三节
羊舍建设基本类型

羊舍的建设应坚持冬暖夏凉、结实耐用、价廉物美的原则。羊舍建筑包括屋顶结构、墙体结构、羊栏结构、集粪设施、饲喂设施、饮水设施、消毒喷淋及保暖、降温设施等。千差万别的小气候条件导致了羊舍建设类型的多样化。通常根据不同结构的划分标准，可将羊舍划分为若干类型。

根据羊舍四周墙壁封闭的严密程度，羊舍可分为封闭舍、开放与半开放舍和棚舍三种类型。封闭舍四周墙壁完整，保温性能好，适合较寒冷地区采用；开放与半开放舍，三面有墙，开放舍一面无长墙，半开放舍一面有半截长墙，保温性能较差，通风采光好，适合于温暖地区，是普遍采用的类型；棚舍，只有屋顶而没有墙壁，仅可防止太阳辐射，适合炎热地区。发展趋势是将羊舍建成组装式类型，即墙、门窗可根据一年内气候变化，进行拆卸和安装，组装成不同类型。

根据羊舍屋顶的形式，羊舍可分为单坡式、双坡式、拱式、钟楼式、双折式等类型。单坡式羊舍跨度小，自然采光好，适用于小规模羊群和简易羊舍选用；双坡式羊舍跨度大，保暖能力强，自然采光、通风相对较差，适合于寒冷地区采用，是最常用的一种类型。在寒冷地区还可选用拱式、双折式、平屋顶等类型；在炎热地区可选用钟楼式羊舍，可加快空气的流通。

根据羊舍长墙与端墙排列形式，可分为"一"字形、"L"形或"∏"形等。其中，"一"字形羊舍采光好、均匀，温差较小，经济适用，利用效率较高，是较常用的一种类型。

此外，在我国南方地区，气候炎热潮湿，适于修建楼式羊舍。在山区多利用山坡修建吊楼式羊舍等，利用坡地斜坡修建，可大大节省建筑材料，便于清扫粪便。我国幅员广大，各地应根据当地气候特点、建筑材料和经济条件等选用适宜的羊舍类型。

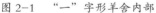

图 2-1　"一"字形羊舍内部

图 2-2　"一"字形羊舍外部

近年来，笔者根据前期对肉羊的养殖模式研究，因地制宜的研发出了一系列适用于不同规模、不同气候地理条件下的羊舍的建筑形式，并获得实用新型专利授权，在这里列举部分具有代表性的羊舍供大家参考交流。

一、新型高床羊舍（ZL201220270044.2）

现有的高床羊舍往往只注重圈养舍和漏缝地板的设计构造，而容易忽视漏缝地板以下部分的设计，有的高度不够、湿气过重，有的粪污横流，导致羊群常见疾病和寄生虫病频发，羔羊成活率低和生长速度缓慢，以及清理粪便难以及时彻底，造成羊舍空气混浊，对羊产业的健康发展构成了一定的威胁。

本实用新型羊舍既能为羊群提供休息、饲喂、运动的需求，又能快速地清理羊粪尿，使羊群和羊粪尿快速分离，让羊在干净清爽的羊舍栖息，避免了羊群长时间处于空气浑浊的羊舍，进而感染疾病的可能，同时羊舍漏缝地板下面空间便于清理、清扫和消毒，从而为羊群提供清洁、干爽环境，提高羔羊成活率，加快羊只生长速度，提高养殖户的经济效益。

图2-3为侧面结构示意图，图中：1为集粪沟；2为出粪口；3为"人"字形顶棚；4为漏缝地板；5为羊舍主体；6为倾斜面板。其中所述羊舍主体5的中间位置设置有漏缝地板4。羊舍主体5的顶部设置有"人"字形顶棚3，"人"字形顶棚3背面一侧要长出羊舍主体5。羊舍主体5的背面一侧的底部设置有集粪沟1。漏缝地板的

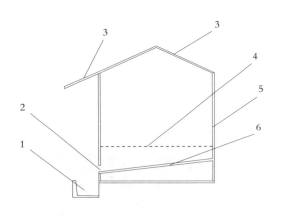

图2-3 新型高床羊舍结构示意图

下方设置有倾斜面板6，倾斜面板6向阳一侧高于背面的一侧，为倾斜面，6与羊舍主体5背面的结合处设置有出粪口2。

高床羊舍分上下两部分组成，上部分高度为2.5m左右，顶部靠羊舍背面一侧的"人"字形顶棚3适当延长2～3m，以遮住集粪沟1，防止雨雪流入打湿羊粪。漏缝地板4由一定宽度的木条或竹片构成，便于羊粪尿的通过。下部为一倾斜面板6，长度至羊舍背面墙体位置，以便圆形羊粪顺利滑入集粪沟。集粪沟1位置紧挨着羊舍主体5背面墙体位置，深度为1m左右，宽度2m左右为宜，长度略超出羊舍总长度。

二、具有粪尿分离的羊舍（ZL201320482164.3）

现有的楼式漏缝高床羊舍只注重圈舍和漏缝地板的构造设计，容易忽略羊床以下部分的设计，有的低矮湿气重，有的粪污横流，导致羊群感染疾病。

与现有技术相比，本设计具有以下有益效果：该羊舍克服了现有高床楼式羊舍的缺陷，达到既能为湖羊提供干净清洁圈舍的目的，又能快速地分离羊粪尿，羊粪可以直接堆积发酵，羊尿进行沼气发酵，并且集粪沟、集尿沟加盖盖板，防止苍蝇等昆虫进入，减少向羊舍排放具有毒性的氨气，阻止臭气外溢，让羊在干净清爽的羊舍栖息，避免了羊群长时间吸入浑浊空气，进而感染疾病的可能，同时羊场粪尿等废弃物得到资源化、生态化的应用，有助于实现"零排放"。

图 2-4 为主视示意图，图 2-5 为右视示意图。图中：1 为楼式羊舍，2 为羊床，3 为斜坡，4 为集尿沟，5 为倾斜网，6 为集粪沟，7 为总尿池，8 为总粪池，9 为卷扬机，10 为钢丝绳，11 为刮粪板，12 为纵向"人"字形屋顶。

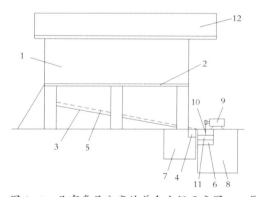

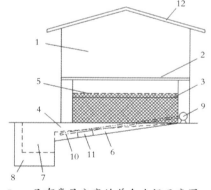

图 2-4　具有粪尿分离的羊舍主视示意图　　图 2-5　具有粪尿分离的羊舍右视示意图

具体实施例：具有粪尿分离的羊舍，包括由上部养殖层和下部架空层组成楼式羊舍 1，其中间设有由漏粪地板铺设成的羊床 2，所述羊床 2 下方设有斜坡 3，所述斜坡 3 较低一端设有集尿沟 4，所述斜坡 3 上方设有用于阻止羊粪通过的倾斜网 5，所述倾斜网 5 较低一端设有集粪沟 6。羊舍选址优先为坐北朝南，上部高度为 2.3 ～ 2.6m，下部高度为 1.5 ～ 1.8m，顶部设有纵向"人"字形屋顶12。屋顶北侧屋檐向外适当延伸，以遮住集尿沟4和集粪沟6。所述集粪沟6和集尿沟4还可以加盖盖板（图中未画出）。

本实施例中，所述斜坡3由南往北倾斜到地面以便于羊尿顺利滑入集尿沟4，所述倾斜网5由南往北倾斜到地面以便于羊粪顺利滑入集粪沟6，所述集尿沟4和集粪沟6并列紧挨着羊舍北面墙体位置。所述倾斜网5和斜坡3之间的距离为0.2～0.3m，所述斜坡3为水泥斜面，所述倾斜网5为金属网状斜面，例如铁丝网状斜面，网眼应小于羊粪直径，以阻止羊粪通过，利于羊尿通过。

在本实施例中，所述集尿沟4底面和集粪沟6底面均自东向西倾斜，所述集尿沟4的长度略大于羊舍长度，宽度为0.5m左右，深度自东向西逐渐变深，最大深度为0.5m左右，所述集尿沟4西端通向建立于羊舍西侧的总尿池7；所述集粪沟6的长度略大于羊舍长度，宽度为1.0m左右，深度自东向西逐渐变深以便清粪，最大深度1.0m左右，所述集粪沟6西端通向建立于羊舍西侧的总粪池8。

在本实施例中所述集粪沟6配套有清粪装置，所述清粪装置包括卷扬机9、钢丝绳10和刮粪板11，所述卷扬机9通过钢丝绳10带动位于集粪沟6内的刮粪板11。工作时，启动卷扬机9通过钢丝绳10连接刮粪板11进行清粪，大大降低了人工劳动的强度。

本实施例的工作原理如下：羊群在楼式羊舍1内的漏缝高床上，排出的粪尿通过漏缝地板落入下方，此时圆形羊粪由于自身重力通过倾斜网5滑入集粪沟6，待集粪沟6内粪便收集到一定量时，利用清粪装置把集粪沟6内的羊粪集中刮到总粪池8内，进行堆积发酵或运往有机化肥厂生产有机肥，而羊尿通过斜坡3流入集尿沟4，在流入总尿池7后用于生产沼气或处理后浇灌牧草。

三、适用于山区坡地的生态羊舍（ZL201320482272.0）

发展肉羊规模养殖，羊舍是重要的设施。平原地区羊舍都比较规范，而山区羊舍受条件所限多利用地面平养或由闲置楼房改造而来，多数采光通风差，有的高度不够，造成夏天闷热，空气污浊；冬天阴冷潮湿，湿气过重。有的羊舍采用地面平养造成粪污横流，导致羊群疾病频发，羔羊成活率低，以及难以及时彻底清理粪便，造成舍内空气混浊、湿度大，对羊的健康发展构成威胁。

与现有技术相比，本设计具有以下有益效果：该生态羊舍克服了现有山区羊舍结构简陋、功能单一的缺点，既达到能就地取材、减少破坏生态环境、快速建造羊舍的目的，又能使羊和粪尿快速分离，让羊在清洁的羊床栖息，避免了羊群长时间处于空气浑浊、阴冷潮湿的羊舍，进而感染疾病的可能；同时，吊脚楼式羊舍的漏缝地板下空间经过处理可以使羊粪尿快速地滑入集粪沟，避免羊长期接触粪尿引起发病的可能，从而为羊提供清洁、干燥和舒适的圈舍。

下面结合附图和具体实施方式，对本实用新型羊舍做进一步详细的说明。图 2-6 为主视示意图，图 2-7 为右视示意图，图中：1 为过道，2 为吊脚楼式羊舍，3 为羊床，4 为水泥斜面，5 为集粪沟，6 为柱子，7 为"人"字形屋顶，8 为总粪池，9 为饲养槽。

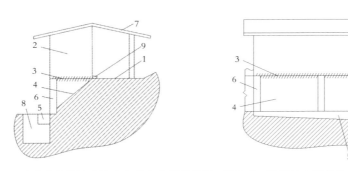

图 2-6　适用于山区坡地的生态羊舍主视示意图　图 2-7　适用于山区坡地的生态羊舍右视示意图

如图所示为适用山区坡地饲养的生态羊舍，包括由山区坡地任一高度位置沿等高线铲平而成的过道 1，所述过道 1 及其旁侧下方的斜坡上建立有吊脚楼式羊舍 2，羊舍由上部的养殖层和下部的架空层组成，中间设有由漏粪地板铺设而成的羊床 3，所述羊床 3 和过道 1 位于同一水平面上，所述羊床 3 下方的斜坡上浇筑有水泥斜面 4，所述水泥斜面 4 较低一端设有集粪沟 5。

在本实施例中，所述吊脚楼式羊舍 2 的上部高度为 2.5 ~ 2.8m，下部架空层是由从坡地底部竖起木头或砖块等材料制成的柱子 6 所支撑，下部高度根据坡地因地制宜。羊舍顶部设有"人"字形屋顶 7，所述水泥斜面 4 延伸至架空层的柱子 6 以便羊粪尿顺利滑入集粪沟 5,所述集粪沟 5 紧挨着架空层的柱子 6,所述"人"字形屋顶 7 的外侧屋檐向外适当延伸以遮住集粪沟 5,内侧屋檐遮住过道 1。

在本实施例中,所述集粪沟 5 底面倾斜向一端,集粪沟长度等于羊舍长度,宽度为 1.0m 左右,深度逐渐变深以便于清粪,最大深度为 1.0m 左右,所述集粪沟 5 较低一端设有总粪池 8,提高了总集粪和清粪的效率。所述集粪沟 5 上可以加盖盖板(图中未画出),防止苍蝇等昆虫进入,减少向羊舍排放具有毒性的氨气,阻止臭气外溢,让羊在干净清爽的羊舍栖息。

在本实施例中,所述羊床 3 分布于生态羊舍的外侧,羊床靠近过道 1 的一侧设有饲养槽 9,方便添加牧草等食料。漏粪地板由一定规格的木条或竹片等材质制成,以便于羊粪尿通过。当集粪沟 5 内的粪便聚集到一定量时,可以利用人工或机械把羊粪尿集中刮到总粪池 8 内,例如采用由卷扬机、钢丝绳和刮粪板组成的清粪装置(图中未画出)。工作时,启动卷扬机通过钢丝绳连接刮粪板进行清粪,大大降低了人工劳动的强度。

本实施例的工作原理如下:放牧归来的羊群通过羊舍过道 1 进入生态羊舍,在吊脚楼式羊舍 2 带有漏缝地板的羊床 3 上休息、活动和饲喂,排出的粪尿通过漏缝地板进入下方的斜坡面自动滑入集粪沟 5,待集粪沟 5 内粪便聚集到一定量时,利用人工或机械把集粪沟 5 内的羊粪尿集中刮到总粪池 8 内,进行堆积发酵或运往有机化肥厂生产有机肥,减少了对环境的污染。

第四节
羊场主要设施设备

一、饲喂系统与设备

1. 饲喂系统

舍饲羊场的饲料贮存、输送和饲喂,不仅花费大量的劳动力,而且对饲料的充分利用、清洁卫生都有很大的影响。现代化养羊饲料供给和饲喂，最好的办法是经饲料厂或本场饲料加工车间加工全价配合颗粒饲料或者 TMR 饲料，直接用专车运输到羊场，送入料塔中，然后用输送机将饲料分送到羊舍内的自动下料饲槽内进行饲喂。这种饲料贮存、输送和饲养工艺流程不仅能使饲料保持新鲜，不受污染，减少包装、装卸和散漏损失，而且可以实现机械化、自动化作业，节省劳动力，提高劳动生产率。但这种供料饲喂设备投资大，对电、气、油等能源的依赖性大。目前国内完全利用该设备进行现代化智能养殖的企业还较少，大多数舍饲养殖场还是采购用塑料袋装的商品颗粒料，或预混料搭配粗饲料进行人工饲喂。尽管人工运送饲喂劳动强度大，劳动生产率低，但这种办法机动性好、设备简单、投资少，不需要电、气、油等能源，任何地方都可以采用。

2. 饲喂设备

在舍饲养羊生产中，无论采用机械化送料饲喂还是人工饲喂，都要选好食槽或自动下料饲槽，对于需要限量饲喂的种公羊、母羊、分娩母羊一般都采用铸铁饲槽或混凝土地面食槽，对于不限量饲喂的羔羊、育肥羊等多采用单列钢结构食槽，不仅能保证饲料清洁卫生，还可以减少饲料浪费，满足羊只的自由采食。

限量饲槽常采用水泥制成，每只羊饲喂时所需饲槽的长度约等于羊肩宽，即每只种公羊所需饲槽的长度为 30 ～ 40cm。不限量饲槽也称自动饲槽，就是在食槽顶部安放一个饲料贮存箱，贮存一定量的饲料，在采食时贮存箱内的饲料靠重力不断地流入饲槽内，每隔一段时间加一次料。它的下口有可以调节、钢筋隔开的采食口，根据羊只的大小有所变化。

二、饮水系统与设备

1. 饮水系统

羊只能随时饮用足够量的清洁饮水，是保证羊正常生理和生长发育、最大限度发挥生长潜力和提高劳动生产率不可缺少的条件之一。

2. 饮水设备

羊自动饮水器的种类很多，有鸭嘴式、乳头式、杯式等。

鸭嘴式自动饮水器：目前国内舍饲养殖场使用最多的是鸭嘴式畜用饮水器。主要由阀体、阀芯、密封圈、回位弹簧、塞盖、滤网等组成。其中阀体、阀芯选用黄铜和不锈钢材料，弹簧、滤网为不锈钢材料，塞盖用工程塑料制造，整体结构简单，耐腐蚀，工作可靠。羊饮水时，嘴含饮水器，咬压下阀杆，水从阀芯和密封圈的间隙流出，进入羊的口腔。当羊嘴松开后，靠回拉弹簧张力，阀杆复位，出水间隙被封闭，水停止流出。鸭嘴式饮水器密封性好，水流出时压力降低，流速较低，符合羊只饮水要求。安装这种饮水器的角度有水平和45°角两种，离地高度随羊体重变化而不同。

乳头式自动饮水器：该饮水器的最大特点是结构简单，由壳体、顶杆和钢球三大件构成。羊饮水时顶起顶杆，水从钢球、顶杆与壳体的间隙流出进入羊的口腔。羊松嘴后，靠水压及钢球、顶杆的重力，钢球、顶杆落下与壳体密接，水停止流出。这种饮水器对泥沙等杂质有较强的通过能力，但密封性差，并要减压使用，否则流水过急，不仅羊喝水困难，而且流水飞溅，造成水浪费。

杯式自动饮水器：该饮水器是一种以盛水容器的单体式自动饮水器，常见的有浮子式、弹簧式和水压阀杆式等型式。浮子式饮水器多为双杯式，浮子室和控制机构放在两水杯中间。通常一个双杯浮式饮水器固定安装在两羊栏间的栅栏间隔处，供两栏羊共用。浮子式饮水器由壳体、浮子阀门机构、浮子室盖、连接管等组成。当羊饮水时，推动浮子使阀芯偏斜，水即流入杯中供羊饮用；当羊嘴离开时，阀杆靠回拉弹簧弹力复位，停止供水。浮子有限制水位的作用，它随水位上升而上升，当水上升到一定高度，羊嘴就碰不到浮子了，阀门复位后停止供水，避免水过多流出。

三、通风系统与设备

1. 通风系统

为了排除羊舍内的有害气体，降低舍内温度和调节湿度，一定要进行通风换气。是否采用机械通风可根据羊舍的具体情况来确定，对于羊舍面积小、跨度不大、门窗较多的羊舍，为节约能源降低成本可利用自然通风。如果羊舍空间大、跨度大、羊的密度高，在炎热的夏季一定要采用机械通风。可在羊舍顶部设一可调通风口，在炎热的夏季，羊舍内的热空气和污浊空气可借热空气向上流动从此通风口排出羊舍，这样既降低了羊舍的温、湿度，又改善了舍内的空气质量；而在冬季，由于羊舍内的湿度较大，可根据羊舍内湿度计的数据，通过调节通风口的大小排出湿气，从而降低湿度，改善羊舍环境。

一般羊舍要求坐北朝南建设，这样的圈舍采光好，而且通风良好，基本没有臭味。如果用温室大棚养殖，夏天放下遮阳膜，把四周裙膜摇起，可以通风、降温。常用的机械通风风机配制方案有以下几种：侧进（机械）上排（自然）通风；上进（自然）下排（机械）通风；机械进风（舍内进），地下排风和自然排风；纵向通风：一端进风（自然）一端排风（机械）。

无论采用哪种通风方案，都应注意以下几点：一是要避免风机通风短路，必要时用导流板引导流向。切不可把轴流风机设置在墙上，下边即是通门，使气流形成短路，这样既空耗电能，又无助于舍内换气。二是如果采用单侧排风，两侧相邻羊舍的排风口设在相对的一侧，以避免一个羊舍排出的浊气被另外一个羊舍立即吸入。三是尽量使气流在羊舍内大部分空间通过，以达到换气目的。

2. 通风设备及湿帘降温系统

适合羊场使用的通风机多为大直径、低速、小功率的通风机，这种通风机通风量大、噪声小、耗电少、可靠耐用，适于长期使用。排气扇，主要用于夏季或天气无风闷热时加强通风。屋顶通风一般单侧气楼羊舍使用天窗通风，无天窗的羊舍一般采用屋顶自动通风机。在夏季较长、气温较高时，首先在结构上采用大窗户，前后墙尽可能使用窗户或者卷帘，在炎热季节窗户全部打开或者把塑料膜卷起来。夏季高温时节，滴水设施达到降低养殖舍内温度的目的。

湿帘降温系统：湿帘（水帘）呈蜂窝结构，由原纸或高分子材料加工而成。湿帘降温系统由湿帘主体、水井、潜水泵、水循环系统、轴流风机等组成。其降温原理是通过负压抽风、空气穿透湿帘后、水蒸发吸热，实现降温的目的。其过程是在湿帘内完成，蜂窝状的纤维表面有层薄薄的水膜，当室外热空气被风机抽吸穿过纸内时，水膜上的水会吸收空气中的热量，使进入室内的空气凉爽，达到降温的效果，这在畜牧养殖业上目前普遍使用。

四、其他设施设备

1. 铡草机

一般来说，铡草机分为电机和柴油机拖挂两种，主要由喂入机构、铡切机构、抛送机构、传动机构、行走机构、防护装置和机架等部分组成。其工作原理是由电机作为配套动力，将动力传递给主轴，主轴另一端的齿轮通过齿轮箱、万向节等将经过调速的动力传递给压草辊，当待加工的物料进入上下压草辊之间时，被压草辊夹持并以一定的速度送入铡切机构，经高速旋转的刀具切碎后经出草口抛出机外。铡草机主要是以玉米秸秆、麦秸、稻草等农作物为处理物料，通过铡、切等机械粉碎，生产适用于草食动物饲料的饲料加工设备。

2. 电动喂料车

电动喂料车适用于牛、羊、马等草食动物饲料的投喂工作，目前在羊场的应用越来越广泛。一台喂料车至少可以顶替三四个人工，可以让规模化的养殖更加的简便快捷、使用方便，更加省时省力，同时也可以大力节省养殖成本。电动喂料车噪声小，适用于牛羊场，避免惊吓到圈内牲口。草料、玉米秸秆、苜蓿、牧草和花生秸秆等经过粉碎之后就可以进行投喂了，也可以增加些饲料添加剂或者预防治疗的药物，这样既可以提高养殖的效率，也可以减少动物生病。

比如常用的电动喂料车，车长 4.0m 左右，宽 1.5m 左右，高 1.8m，这个尺寸在大多数规模养殖场的饲喂通道都可以顺利通行。该电动车分为两个动力部分，第一个是撒料部分 3kW 电机，可带动储料仓中 3 根绞龙，通过旋转挤压的方式把饲料输送到出料口，而出料口采用输送带的方式把饲料输送到羊的食槽中；第二是行走部分 1.5kW 电机，强劲有力地带动撒料车满载情况下在羊场中行走自如，可前进可后退，撒料使用方便易操作。

3. 青贮裹包机

裹包青贮是近年来国内外兴起的、一种利用机械设备完成秸秆或饲料青贮的方法，是在传统青贮的基础上研究开发的一种新型饲草料青贮技术。将粉碎好的青贮原料用打捆机进行高密度压实打捆，然后通过裹包机用拉伸膜包裹起

图 2-8　电动喂料车

图 2-9　青贮裹包机

来，从而创造一个厌氧发酵环境，最终完成乳酸发酵过程。裹包青贮主体由打捆机和包膜机联动的机组，一般使用 380V 电压。

裹包青贮与常规青贮一样，具有干物质损失较小、可长期保存、质地柔软、具有酸香味、适口性好、消化率高和营养成分损失少等特点，同时还有以下几个优点：制作不受时间、地点的限制，不受存放地点的限制，可以在棚室内进行加工，不受天气的限制。与其他青贮方式相比，裹包青贮过程的封闭性比较好，通过汁液损失的营养物质也较少，而且不存在二次发酵的现象。此外裹包青贮的运输和使用都比较方便，有利于青贮饲料的商品化。

裹包青贮虽然有很多优点，但同时也存在着一些不足：一是这种包装很容易被损坏，一旦拉伸膜被损坏，酵母菌和霉菌就会大量繁殖，导致青贮料变质、发霉。二是容易造成不同草捆之间水分含量参差不齐，出现发酵品质差异，从而给饲料营养设计带来一定的困难，难以精确掌握恰当的供给量。

4. 全混合日粮（TMR）饲料搅拌机

全混合日粮（TMR）饲料搅拌机是把切断的粗饲料和精饲料以及微量元素等添加剂，按湖羊不同生产阶段的营养需要，按营养专家设计的日粮配方，用 TMR 饲料搅拌机对其进行搅拌混合的一种先进饲料加工工艺，可以保证湖羊所采食的每一口饲料营养的均衡性，从而达到科学喂养的目的。

TMR 饲料搅拌机工作原理：TMR 饲料搅拌机由 1 个 U 形卧式筒体、1 根搅拌轴组成，轴上是内外双层螺带。搅拌轴转动，使内外螺旋带在较大范围内翻动物料，内螺旋带将物料向两侧运动，外螺旋带将物料由两侧向内运动，使物料来回掺混，另外一部分物料在螺旋带推动下，沿轴向和径向运动，从而形成对流循环，上述运动的搅拌，使物料在较短时间内获得快速均匀混合。TMR饲料搅拌机带有高精度的电子称重系统，可以准确计算饲料，并有效的管理饲料库，从而生产出高品质饲料，保证湖羊采食的每一口日粮都是精粗比例稳定、营养浓度一致的全价日粮。

图 2-10　TMR 饲料搅拌机组　　　　　图 2-11　牧草铡草机

　　TMR 饲料搅拌机的优势：直接饲喂未经搅拌的饲草，因家畜采食、抛弃与践踏行为，使其损失率高达 30%，而经 TMR 与其他补料搅拌后饲喂，饲料损失大幅下降。根据家畜在不同生产阶段摄取营养的日粮配方，经 TMR 搅拌后饲喂，达到经济合理摄取养分的效果，如湖羊在断奶后和妊娠前期营养需求较低，而妊娠后期、产羔、泌乳早期及生产时营养需求较高。

　　此外，牧草及秸秆因不同种类和品种、成熟阶段、生长长度及收割时的气候影响不同，而使牧草拥有的营养成分不同。分析牧草和掌握羊群生产阶段与营养需求的变化，使用 TMR 饲料搅拌机饲喂，是经济和有效地混合牧草与补料，让羊群均衡地摄取营养需求，从而降低成本的有效途径。

　　随着劳动力成本的不断增加、湖羊产业技术的进步及企业对新技术、新装备认识的不断提高，南方地区规模湖羊场采用 TMR 饲料搅拌机加工湖羊全混合日粮是必然的发展趋势。目前规模化湖羊场大部分已经配置了 TMR 饲料搅拌机。搅拌机容积的选择可以根据搅拌机每次搅拌量饲喂湖羊只数来确定，比如容积 8m³ 的搅拌机每次搅拌量可以饲喂大约 1200 只羊；容积 10m³ 的搅拌机每次搅拌量可以饲喂大约 1500 只羊；容积 12m³ 的搅拌机每次搅拌量可以饲喂大约 2000 只羊。

五、羊场实用设施示例

羊场设施设备的种类繁多，养殖户除了可以直接购买市场的现成设备外，还可以根据自身生产实践进行设施设备的改进。以下列举经过改进的部分舍饲羊场的设施设备供大家参考利用，所列举的设施设备也均获得了国家实用新型专利的授权。

1. 饲槽装置（ZL201120259333.8）

目前羊场的饲槽以全（半）开放式单槽为主，加料后供羊群自由采食。幼年湖羊活泼好动，自由采食过程中喜欢跳入饲槽，一方面羊喜食干净的饲草，践踏与污染后的牧草形成了浪费；另一方面跳入饲槽的羊经常会在饲槽中排泄，增加了羊群中疾病的传播风险。

本实用新型饲槽根据羊采食生物学特性设计，在使用过程中能将羊只进行一定的限制，使其无法跳入饲槽且有效防止了羊只之间的争斗，明显减少牧草的浪费与污染；将储料槽与饲喂槽分开，其中储料槽为悬空状态，当羊啃咬饲草时才会逐渐被拉到饲喂槽，保证了羊食用牧草的清洁，有效解决当前饲槽的弊端。

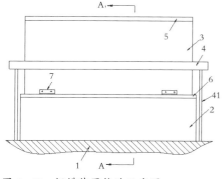

图 2-12　饲槽装置构造示意图

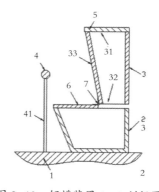

图 2-13　饲槽装置 A-A 剖视图

图 2-12 为饲槽装置构造示意图，图 2-13 为图 2-12 的 A-A 剖视图。图中：1 为基础平面；2 为饲喂槽；3 为储料槽；4 为限制杆；5 为盖板；6 为遮板；7 为活页；31 为进料口；32 为出料口；33 为储料槽前侧壁；41 为竖杆。

饲槽装置，包括一基础平面 1，其上设置有饲喂槽 2，饲喂槽开口上方设置有一储料槽 3；所述饲喂槽 2 一旁侧经设于基础平面 1 的竖杆 41 与一限制杆 4 相连接。限制杆高于饲喂槽。上述储料槽 3 顶部设置有进料口 31，底部设置有出料口 32；进料口上方设置有一盖板 5。饲喂槽开口上方设有一遮板 6，遮板经一活页 7 与储料槽前侧壁 33 相连接，在使用过程中，饲喂时上翻固定于储料槽前侧壁上。其中储料槽与饲喂槽呈上下分布，储料槽上端带盖开口，下端开口延伸入饲喂槽内，上宽下窄，侧面呈直角梯形状；饲喂槽上端开口，带可卸活盖，侧面呈直角梯形状或常规饲槽状亦可；限制杆为一条与饲喂槽平行分布的固定或可调横杆，适当高于饲喂槽开口。

2. 羊舍履带式清粪装置

随着养羊业朝着规模化、标准化养殖方向发展，对羊粪的清理处置工作显得尤为重要。现有羊舍羊粪的清理，多采用人工或刮粪装置。人工清粪耗时、费力、低效，显然已不能满足现代化的养羊业发展的需要，而自动刮粪装置投资较大，对粪沟地面要求比较高，粪尿不容易分离，容易造成粪污横流，且粪尿在一起易产生氨气，导致羊群疾病频发，对羊产业的健康发展构成一定的威胁。

本装置可以克服现有清粪装置的上述弊端，达到既能为羊群提供清洁卫生圈舍的目的，又能快速及时地清除圈舍的羊粪，特别是能够快速、彻底地分离羊粪尿，减少羊粪尿混合产生具有毒性的氨气，使羊在洁净的圈舍栖息，避免了羊群长时间吸入浑浊空气和有害气体，进而感染疾病的可能。

本装置主要由履带装置、驱动装置和附属设施三部分组成。在漏缝地板羊床的下面建一个深度约为 50cm 的积粪池，积粪池的长度应大于羊舍长度，池底设计一倒"八"字形状、纵向的排尿沟，便于收集尿液并导流入羊舍外面的集尿池，积粪池通向羊舍外面的墙体处设计一个集粪池，以接收履带运送过来的粪便。履带装置安装在积粪池内，包含转轮组和安装在转轮上带有圆孔的履带，履带的材质为有一定强度与韧度且不吸水、不变形的尼龙帆布或橡胶制品，上面布满一排排的圆孔，孔径约为 0.3cm，利于尿液漏过，而阻止羊粪通过。驱动装置包括电动机、钢丝绳等控制系统，工作时启动电动机，通过钢丝绳连接转轮组驱动履带运转，使履带上的羊粪进入集粪池。附属设施包括挡板、集粪池和集尿池，挡板位于履带的下方靠近集粪池的位置，以便于刮下黏附于履带上的粪便进入集粪池，集粪池和集尿池分别位于羊舍的一端，位置靠近羊舍墙体。

图中：1 为羊舍，11 为漏缝式羊床，2 为传送带，21 为刮板，3 为排尿沟，4 为集尿池，5 为集粪池。

具体实施：羊群生活在漏缝地板羊床上，排出的粪尿通过漏缝地板进入履带上，此时羊尿液通过履带上的圆孔进入排尿沟，再流入羊舍一端的集尿池。羊粪便则堆积集中在履带上，待堆积到一定的厚度时启动驱动装置，

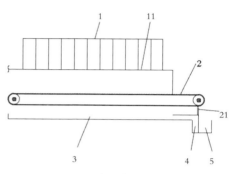

图 2-14 履带式清粪装置示意图

使履带运转。在集粪池处由于羊粪便的重力作用，羊粪便自然落入集粪池，同时履带运转通过履带下方的挡板时，再次将黏附在履带上的羊粪刮入集粪池，从而保证圈舍干净卫生，减少因羊粪尿长期留置圈舍造成污染。

第五节
现代羊场环境控制

一、羊舍的温度、湿度和光照控制

1. 羊舍的温度控制

防寒保温：虽然湖羊对寒冷有一定的耐受性，但温度过低会影响羊群生长，尤其是在冬季的产仔高峰期，寒冷是影响羔羊成活率的重要因素。所以在寒冷

地区的羊舍产仔舍、幼羊舍必须供暖。当羊舍保温不好或过于潮湿、空气污浊时，为保持较高的温度和有效的换气，也必须供暖。羊舍供暖包括集中供暖和局部供暖两种形式。集中供暖是由一个集中供暖设备，通过煤、油、煤气、电能等的燃烧产热来加热水或空气，再通过管道将热介质输送到舍内的湿热器，放热加温羊舍的空气，一般要求分娩舍温度在15～22℃，保育舍温度20℃左右。常用的设备有锅炉供暖和热风炉供暖。局部供暖由于针对性强，节省了费用开支，是大部分羊场供暖方式的首选，局部供暖有红外线灯、电热保温板等，主要用于哺乳羔羊的局部供暖，一般要求达到20～28℃。同时也可通过加大饲养密度，增加铺垫草，防止舍内潮湿，控制气流、防止贼风等管理措施提高羊舍温度。

防暑降温：湖羊对热应激的敏感性较高，南方或夏季的湖羊生态养殖过程中，防暑降温非常重要。舍饲养殖时舍内的降温尤为关键，一般可在进风口设置水帘使热空气冷却后进入棚舍内，用自来水冲洗地面，既保持棚舍内卫生，也可使棚舍内降温，或把屋顶涂白或麦秸或茅草覆盖屋顶，在棚舍的朝阳面搭凉棚遮阴均可起到降低舍内温度的良好效果，也可利用排风扇加快棚舍内空气流通。另外，保证充足饮水是防暑降温的手段之一。在棚舍周围种植高树、草皮和藤蔓植物可使羊避免阳光直射，营造出凉爽的小气候。

2. 羊舍的湿度控制

高湿对羊的体热调节、健康和生产力都有不良影响。舍内的湿度主要与粪尿、饮水、潮湿的地面以及羊皮肤和呼吸道的蒸发有关。一般情况下，舍内空气的绝对湿度较舍外大。在通风良好的夏秋季节，舍内外相差不是很大，而在冬季封闭舍通风不良时，舍内空气的绝对湿度要明显大于舍外。羊舍湿度的控制主要以降低舍内湿度为主，主要措施是加强通风换气、地面铺垫干燥物等。

3. 羊舍的光照控制

为便于舍内得到适宜的光照，通常采用自然采光与人工照明相结合的方式来实现光照控制。开放式或半开放式羊舍的墙壁有很大的开露部分，主要靠自然采光；封闭式有窗羊舍也主要靠自然采光。自然采光的效果受羊舍方位、舍外情况、窗户大小、入射角与透光角大小、舍内墙面反光率等多种因素影响。羊舍的方位直接影响羊舍的自然采光及防寒防暑，设计时应周密考虑。羊场内植树应选用主干高大的落叶乔木，并要妥善确定位置，尽量减少遮光。封闭舍的采光取决于窗户大小，窗户面积越大，进入舍内的光线越多。但防暑和防寒方面考虑，我国大多数地区夏季不应有直射阳光进入舍内，冬季则希望能照射到羊床上。这些要求可通过合理设计窗户上缘和屋檐的高度来实现。人工照明适用于密闭无窗羊舍。

二、羊场的绿化

羊场的绿化具有美化环境、改善小气候、净化空气、防止尘埃和噪声及防火等功效；对羊场的防疫、防污染也是有利的。

1. 防护林

场区四周及羊场的分区界，多以乔木为主（如白杨、柳树、洋槐等）。为加强冬季防风效果，可种植一两行松柏，主风向应多排种植。行距幼林时1.0 ~ 1.5m，成林2.5 ~ 3.0m。

2. 路旁绿化

绿化既可夏季遮阴，防止道路被雨水冲刷，也可起防护林的作用。多以种植乔木为主，乔灌木搭配种植效果更佳。

3. 遮阴林

主要种植在运动场周围及房前屋后，但要注意不影响通风采光，一般要求树木的发叶与落叶发生在5 ~ 9月（北方）或4 ~ 10月（南方）。

三、粪便的处理与利用

随着舍饲养殖的发展和规模化、工厂化生产的崛起，羊的粪便大量增加而集中。如不加合理处理和利用，任意流散，不仅会污染人们的生活环境，还会加大羊场疫病传播风险，危害羊群安全。随着花卉、茶叶等对畜禽粪便依赖产业的兴起，经过无害化处理后的羊粪可成为宝贵的资源，也是提高养羊效益的一个重要手段。在工厂化高效养羊生产体系中，养羊积肥，过腹还田，粪便无害化处理是农牧业有机结合、良性循环的重要环节。通过这个环节，农业和种植业紧密地与养殖业联系在一起，既充分利用了资源，又从根本上治理了污染源，具有重要生态价值。

1. 粪便还田

为了防止粪便引起的污染和提高肥效，必须先经处理再施用。生产中主要的利用方式是进行堆肥处理，堆肥的优点是技术和设备简单，施用方便，无臭味；同时，在堆制过程中，由于有机物的好氧降解，堆内温度持续 20 天达 50 ~ 70℃，可杀死绝大部分病原微生物和杂草种子等；腐熟的堆肥属迟效料，对作物更安全。在经济发达地区，多采用堆肥舍、堆肥槽、堆肥盘等设施进行堆肥。堆积时先比较疏松地堆积一层，待堆温达 60 ~ 70℃时，保持 3 ~ 5 天，或待堆温自然稍降后，将粪堆压实，然后再堆积加新鲜粪一层，如此层层堆积至约 2m 为止，用泥浆或塑料膜密封。为保证堆肥质量，含水量超过 75% 的最好中途翻堆，含水量低于 60% 的最好泼水。也可以采用制作液体圈肥、制作复合肥料等方式处理羊场粪污。

2. 制作沼气用作能源

沼气是有机物质在厌氧环境中，在一定温度、湿度、酸碱度、碳氮比条件下，通过微生物发酵作用而产生以甲烷为主要成分的沼气。

3. 用作其他能源

直接燃烧：羊为草食动物，含水量在 30% 以下的羊粪，可直接燃烧，只需专门的烧粪炉即可。

生产发酵热：将羊粪的水分调整到 65% 左右，进行通气堆积发酵，在堆粪中安放金属水管，通过水的吸热作用来回收粪便发酵产生的热量。回收到的热量，一般可用于羊舍取暖保温。

生产煤气、"石油"和酒精：将羊粪中的有机物在缺氧高温条件下发生加热分解，从而产生以一氧化碳为主的可燃性气体。

第三章

湖羊选育与繁殖
技术

第一节
湖羊品种选育

湖羊是我国特有的、珍贵的绵羊品种，集多种优异特性于一体，是我国一级保护地方畜禽品种，属于世界上少有的白色羔皮品种和多羔绵羊品种，具有鲜明的种质特色、巨大的生产潜力和开发利用前景。早在1956年，国务院曾提出："湖羊是稀有品种，又是出口物资，应特别注意繁殖和发展。"当时农业部也指出："湖羊是我国珍贵的羔皮羊品种，改掉一个品种容易，育成一个品种极不容易，所以必须保留。"

由于湖羊的产毛性能、产肉性能、成年体重等均不及其他毛、肉专用绵羊品种，且羔皮从20世纪80年代后期逐渐失去了国际市场，为适应市场的需求，历史上湖羊产区的个别区域曾用小尾寒羊等其他绵羊与湖羊进行杂交，试图将湖羊改造成毛用羊或专门肉用羊。外来品种与湖羊杂交，显而易见将改变纯种湖羊的种质特性。随着国家对种业的重视，2011年浙江省湖州市吴兴区湖羊保护区被农业部列为国家级湖羊遗传资源保护区，成为浙江省湖羊种质资源保护的标杆。保护区内杜绝将外来品种与湖羊杂交的杂种后代冒充湖羊，通过本品种内选育，实现湖羊种质资源再提升，确保湖羊种质资源丰富性及湖羊血统的纯正性。

在当前情况下，人为选择是决定湖羊优异品质特性的关键因素。多羔性能是湖羊高产的基础，也是提高养殖经济效益的最重要的因素之一，尤其在肥羔的生产中显示出强大的优越性。因此，通过人为选择，减少产单羔母羊的比例，增加双羔以上的比例，是提高湖羊养殖效益的最重要、最根本的途径。湖羊属于羔皮羊，湖羊羔皮固有的波浪形花纹特征是湖羊选育的最重要的质量性状指标，也是传统纯正湖羊的典型特征，是湖羊区别于其他绵羊品种的种质基础。

因此，湖羊本品种选育上应以湖羊羔皮特殊花纹为基础，以多羔性、肉用性为重点选育目标，培育成羔皮品质优良、繁殖率高、生长快、体型大、肉质鲜美、屠宰率高，既能适应江南湿热气候环境，又能适应北方寒冷气候环境的羔皮肉兼用型多羔绵羊品种，以期重点保护、发掘湖羊优良种质资源。

一、湖羊的选种经验

一看外形特征：重点是"前看头，后看尾"，头上无角是纯种湖羊的最基本特征之一；扁圆形短脂尾是湖羊区别于其他短脂尾绵羊品种的标志性特征。

二看羔皮品质：羔羊具有波浪形或片花型花案，小毛小花最佳，花案面积应该要在 2/4 以上。

三看繁殖率：留种羔羊的同胞数必须是双羔以上，严格按照单羔概不留种，三羔以上必选留的选种原则。

四称体重：留种羔羊初生重需在 3.0kg 以上，2 月龄体重 18kg 以上。随着湖羊选育及饲养管理技术的精细化，现在湖羊选育的标准应该优于 2006 版《湖羊》国标中的体重体尺参数。

二、湖羊个体等级评定

湖羊等级评定分初生评定和 6 月龄评定，按照标准《湖羊》（GB 4631—2006）评定湖羊等级。

特级：凡符合下列条件之一的一级优良个体，可列为特级：花案面积 4/4；花纹特别优良者；同胎三羔以上。

一级：同胎双羔，具有典型波浪形花纹，花案面积 2/4 以上，"十"字部毛长 2.0cm 以下，花纹宽度 1.5cm 以下。花纹明显、清晰，紧贴皮板，光泽正常，发育良好，体质结实。

二级：同胎双羔，波浪形花或较紧密的片花。花案面积 2/4 以上，"十"字部毛长 2.5cm 以下，花纹较明显，尚清晰，紧贴度较好；或花纹欠明显，紧贴度较差，但花案面积在 3/4 以上。花纹宽度 2.5cm 以下，光泽正常，发育良好，体质结实，或偏细致、粗糙。

三级：同胞双羔，波浪形花或片花。花案面积 2/4 以上，"十"字部毛长 3cm 以下，花纹不明显，呈大毛大花状，紧贴度差，花纹宽度不等，光泽较差。

6 月龄评定：6 月龄左右须在初生评定基础上进行补充评定，评定项目主要为体型外貌、生长发育、被毛状况、体质类型。要求 6 月龄羊具有本品种的体型外貌特征、生长发育良好、健康无病、体质结实、被毛干死毛较少。要求公羊体重在 38kg 以上，母羊在 32kg 以上。评定结论分及格和不及格两种，不及格者应对初生评定等级作酌情降级。

三、系谱测定

系谱是系统记载湖羊个体及其祖先情况的一种特殊文件，是遗传育种上十分重要的遗传信息来源。完整的系谱除记载个体编号外，还应记录种羊的外形评分、发育情况、有无遗传缺陷等。系谱测定指选种中对拟选种羊祖先的生产性能记录的审查过程，考查内容包括先代的羊毛品质、繁殖力、品种特征等。对后代品质影响最大的是亲代，其次是祖代、曾祖代，进行系谱审查时，只考查 2 ~ 3 代。系谱测定时通过分析各代祖先的系谱信息来推断被选个体的育种价值。在养羊生产中，因父母代对个体影响最大，系谱测定方法应将比较的重点放在亲代品质上，祖父母代以上的资料很少考虑。

对于种羊场来说，对现有的湖羊群体进行整理、记录资料及核对、归类和分析，根据选育方向，选留健康、符合湖羊品种特点、系谱资料完整的湖羊组建纯繁核心群。如以选育湖羊多羔品系为目标，则要求公羊同胞数 3 只以上，母羊同胞数 2 只及以上，且其系谱中所有家系成员同胞数从未出现单羔。

四、后裔测定

后裔测定，是指根据后裔的生产性能和外貌特征等来估测种畜的育种值和遗传组成，以评定其种用价值，是家畜选种的重要方法之一。后裔测定的可靠性高于其他鉴定方法，其缺点是费事费时且延长了世代间隔，因而只限于对少数种畜的鉴定。因为子代的性状表现是由亲代所传递给子代的遗传物质和环境条件共同作用的结果，所以子代的表现可以最直接、最可靠地反应亲代的遗传差异，从而科学客观地进行比较。后裔测定是评定种畜遗传价值最可靠的方法，因为选种的目的就是为了选出能产生优良后代的种畜，后代性能优良，就证明选种是正确的。

供后裔测定的后备种畜一般须先经系谱鉴定和个体发育鉴定选出。测定时主要以种畜后代平均表型值为依据，其随机取样须有一定数量，以便使取得的遗传信息可靠和正确。为此常用人工授精繁殖大量后代。测定方法主要有以下几种。

女儿平均值法：以一定数量的女儿平均表型值来鉴定种公畜。

女、母对比法：以女儿平均表型值与所配母畜的平均表型值之差来反映种公畜的遗传作用。

同期同龄比较法：将种公畜的女儿与其他公畜的同期同龄女儿作对比，是采用较普遍的方法。

最优线性无偏预估：是近年发展起来的方法，即利用混合模型的最小二乘分析来估测公畜育种值，准确性更高。

第二节
发情鉴定及发情调控

一、性成熟和初次适配年龄

公羊的初情期是指第一次能够释放出精子，母羊则是指初次发情与排卵的时期。初情期的开始，一是由于下丘脑及垂体对性腺类固醇激素的负反馈抑制的敏感性逐渐减弱，GnRH 脉冲式分泌的频率增加；二是垂体对下丘脑 GnRH 的敏感性增加，促性腺激素分泌频率和分泌量也不断增加。卵巢接受垂体促性腺激素的刺激强度增大，卵泡发育成熟直至排卵。

湖羊为四季发情动物，3 ～ 4 月龄就有性行为表现，5 ～ 6 月龄性成熟，7月龄之后就可以交配。湖羊繁殖率由 20 世纪八九十年代的 210% 逐渐提升到现在的 245%，并且逐渐趋于稳定。从相关文献记录的结果来看，纯繁的湖羊无论在什么地区都能够保持较高的繁殖率，优于经济杂交的品种。

湖羊到达初情期时，虽然母羊有发情表现，但不完全成熟，发情周期也不规律，生殖器官仍在生长发育之中，因而还不适宜配种。初情期后经过一段时间，湖羊的生殖器官已发育完全，达到性成熟期，此时一般为 5 ～ 6 月龄，体重约为成年羊 70%。影响初情期因素（如气候、营养等），亦能影响性成熟的早迟。虽然性成熟时羊的生殖器官已发育完全，具备了正常的繁殖能力，但因其个体的生长发育尚未完成，故在性成熟初期母羊不宜配种，否则会影响母羊自身及胎儿正常发育。

一般而言，母羊的初次配种以 7 ～ 8 月龄为宜，并且需要同时考虑气候条件、营养状况等综合因素。在生产实践中，母羊初配期在体重达成年体重 70% 时为宜。过早配种会影响母羊自身的生长发育；过迟则不仅影响其遗传进展，而且会造成经济上的损失。种公羊最好在 12 月龄、体重达到 60kg 以上时，在满足营养需要的基础上，正式参加配种或采精，过早配种会缩短种公羊的利用年限。

二、发情和发情周期

湖羊为自发性排卵的动物，发情周期为 19 ～ 21 天。

1. 发情行为

母羊达到性成熟后出现正常的周期性性表现，如出现有性欲、兴奋不安、食欲减退等一系列行为变化，外阴红肿、子宫颈开放、分泌各种生殖激素等一系列生殖器官形态与功能的变化，称之为发情。发情时母羊的行为及生殖器官均有明显的征兆。大多数母羊表现出鸣叫不安，摇头摇尾，四处张望，食欲减退，反刍和采食时间明显减少，频繁排尿，并不时地摇摆尾巴；喜欢接近公羊，常嗅闻其会阴及阴囊部，或静立等待公羊爬跨，主动掉腚给公羊，两后腿叉开，翘尾，阴门开合；外阴部充血肿胀，由苍白色变为鲜红色，阴唇黏膜红肿，用开膣器打开阴道检查，前期可见少量稀薄黏液随开膣器流出，子宫颈口潮红、湿润，后期子宫颈口呈粉红色，松弛开放，黏液增多、黏稠，从阴道流出时连绵不断。

2. 配种对发情持续时间的影响

母羊每次发情的持续时间称为发情持续期，一般母羊发情的持续期都比较短，平均约为 40h（24 ~ 48h）。不同年龄母羊的发情持续时间存在差异，如幼龄母羊只有 15 ~ 20h，1.5 岁的母羊为 24 ~ 30h，成年母羊为 30 ~ 48h。爬跨可明显缩短羊的发情持续时间，交配一次可使发情期缩短 45%，但交配 2 ~ 3 次时则不会进一步缩短。

3. 发情周期和发情期

母羊从发情开始到发情结束后，经过一定时间又周而复始地再次重复这一过程，两次发情开始间隔的时间就是一个发情周期。湖羊的发情周期平均为 21 天（16 ~ 24 天）。发情周期长短受季节的影响比较大，天气寒冷干燥的冬季正常周期的比例最高，而在炎热多雨的夏季则最低。

三、发情鉴定

对湖羊进行发情鉴定的目的是及时发现发情母羊，正确掌握配种或人工授精时间，以防误配漏配，提高受胎率。发情鉴定可以结合外部观察的方法和试情法。

1. 外部观察法

发情母羊常表现为兴奋不安，对外界的刺激反应敏感，举尾弓背，频频排尿，食欲减退，喜主动寻找和接近公羊，当公羊追逐或爬跨时站立不动。该方法主要观察母羊外部表现和精神状态，从而判断其是否发情和发情程度。

2. 试情法

根据母羊对试情公羊的反应来判定是否发情。发情时，母羊通常表现为愿意接近公羊、频频排尿、有求配动作等，而不发情或发情结束后则表现为远离公羊，当公羊强行接近时，往往会出现躲避行为。这种方法简易可行，有相当高的准确性。

四、发情调控

同期发情是湖羊常用的发情调控技术，是指利用某些含有外源激素的制剂，人为地调控湖羊的生殖生理周期进程，使其在预定的时间内集中发情与排卵的一项繁殖技术。在同期发情启动后可对湖羊母羊发情行为进行调控，从而达到缩短生产周期的目的。

1. 基于孕激素的发情调控技术

使用外源性孕激素持续抑制促性腺激素（LH）分泌，停药后卵泡开始发育，母羊表现发情。现行的孕激素制剂种类很多，包括口服、皮下埋植、阴道栓等，但目前使用最多的是孕酮阴道栓。

口服：通过在饲料中添加合成孕激素，抑制发情，而后停药实现同期发情的目的，使用时需每天饲喂 1 ~ 2 次含有合成孕激素的饲料 8 ~ 14 天，并且常需要用孕马血清促性腺激素（PMSG）共处理。但由于产生的同期发情效果和母羊生育力差异很大，该方法已逐渐被淘汰。

皮下埋植：通过将硅胶孕酮装置埋植于耳部皮下，让药物缓慢释放，达到同期发情目的，但该方法需要很高的技巧和经验，已使用得越来越少。

阴道栓给药装置（CIDR）：阴道栓是现今使用得最多的同期发情方法之一，适用于繁殖和非繁殖季节。通过将装置放置于母羊阴道中，装置中的孕酮以低浓度释放，达到同期发情目的。

2. 基于前列腺素（$PGF_{2\alpha}$）及其类似物的发情调控技术

该方法主要通过引起黄体溶解从而终止其功能，缩短黄体期，以达到控制母羊在预期时间发情的目的。目前常用的制剂有 $PGF_{2\alpha}$ 和氯前列腺烯醇，使用时需进行两次肌内注射，相隔 11 天为宜。

大量研究表明，单一使用 $PGF_{2\alpha}$ 进行同期发情处理的效果都十分有限，目前常用 $PGF_{2\alpha}$ 和 PMSG 或孕激素共处理，促使母羊发情。

3. 基于阴道栓（CIDR）、孕马血清促性腺激素（PMSG）和前列腺素

（PGF$_{2\alpha}$）的不同组合的发情调控技术

　　该多激素组合法是目前处理同期发情最常使用的方法。阴道栓（CIDR）中孕酮的持续释放，在母羊体内形成人工黄体期与自然黄体期并存的状态，通过撤栓时间的选择，促使母羊同期发情。孕马血清促性腺激素（PMSG）可诱导母羊发情，尤其对处于乏情期的母羊效果明显。前列腺素（PGF$_{2\alpha}$）能溶解母羊有效黄体或持久黄体，促进母羊在预期时间内发情。大量研究显示，在生产中，根据母羊具体情况配合使用 CIDR、PMSG 和 PGF$_{2\alpha}$ 进行同期发情，将获得较高的同期发情率。

第三节
湖羊繁殖技术

一、常用配种方式

　　常用的配种方式主要包括自然交配、人工辅助交配和人工授精 3 种。

1. 自然交配

　　养羊业中最原始的配种方法，即在配种期内，将选好的公羊和母羊混群饲养，任其自由交配。该方法节省人工，不需要任何设备，如果公、母羊比例适当（一般 1：30 ～ 1：40），也能保持相当高的受胎率。但是自然交配也存在一些明显的缺点，由于公、母羊混群饲养，公羊在一天中会一直追逐发情母羊交配，严重影响羊群采食，对公羊的精力也消耗太大，无法了解后代的血缘关系，不能进行有效地选种选配；另外，缺乏对母羊确切配种时间的了解，无法推测母羊的预产期，从而造成管理上的困难。

2. 人工辅助交配

　　在生产中，为了克服自然交配的缺点，又不需要进行人工授精时，亦可采用人工辅助交配法，即将公、母羊分群饲养，在配种期间定期对母羊进行试情，将发情的母羊与指定的公羊进行交配。采用这种方法配种，可以准确登记公、母羊的耳号及配种日期，从而能够预测分娩期，节省公羊精力，增加受配母羊头数，同时也比较有利于羊群的选配工作。生产上为了确保母羊受胎，最好在第一次交配后间隔 12h 左右再配种 1 次。

3. 人工授精

人工授精是指用器械采集公羊精液，在体外经过品质检查、活力测定、稀释等处理后，再用器械将一定量的精液输入到发情母羊生殖道的一定部位，使母羊受胎的配种方式。用人工操作的方法代替自然交配的一种繁殖技术，这是近代畜牧科学技术的最大成就之一。人工授精可以充分利用优良种公羊的潜在繁殖能力，提高母羊的受胎率，加速湖羊品种改良。公羊采精一次可配 10 ~ 15 只母羊，一个繁殖季节可配 300 ~ 500 只母羊。此方法有效地克服了公、母羊体格差异太大造成的配种困难。用超低温可以长期保存精液并可以使精液的使用不受时间和地域的限制，大大地提高了湖羊优良品种的覆盖率。

二、超数排卵技术

1. 超排技术概况

应用外源促性腺激素诱导卵巢多个卵泡同时发育，并排出有受精能力的卵子的方法，称为超数排卵，简称超排。目前超排仍然是胚胎移植获得优质、大量胚胎的最有效途径。超排对优良家畜品种的扩繁，保种也有重要的现实意义。目前，经常用到的超排方法有以下几种（表 3–1）。

表 3-1　超排技术方法

方　法	优　点	缺　点
PMSG 常规法	成本低廉，操作简单	容易引起卵巢的不良反应
PMSG+APMSG 法	具有 PMSG 常规法所有优点，可以减轻卵巢不良反应	对于 APMSG 的注射时机不好确定
FSH 减量法	获得较为稳定的超排效果	操作繁琐，可能引起羊的应激
PG+FSH+P4+LHRH-A3	提高可用胚胎率	操作繁琐，可能引起羊的应激

续表

方　法	优　点	缺　点
PG+FSH+LHRH-A3	提高排卵率	操作繁琐，可能引起羊的应激
一次注射 FSH 法	减少了操作步骤，优化了超排程序	没有显著的缺点

注：PMSG 为孕马血清促性腺激素；APMSG 为抗促性腺激素；FSH 为卵泡刺激素；PG 为前列腺素；P4 为孕酮；LHRH-A3 为促排卵 3 号。

2. 常用超排技术的具体操作步骤

（1）PMSG 常规法

一次性肌注 PMSG 1000IU；母羊发情后注射人绒毛促性腺激素（HCG）400IU，随即配种，间隔 8 ～ 10h 复配一次。

（2）MSG+APMSG 法

在一个发情期后放置阴道栓（CIDR）16 天。阴道栓撤除前 48h，所有羊肌注 PMSG 16.67 μ mol /s 进行超排处理，于 PMSG 注射后 48h（即撤栓的同时），肌注 $PGF_{2\alpha}$ 1.2mg；在发情后 12h 试验组注射 APMSG 16.67 μ mol/s。

（3）FSH 减量法

以发情当天为 0 天，在发情周期的适当时间，即卵泡波发生时开始肌注或皮下注射 FSH，每天 2 次，间隔 12h，注射 FSH 后随即进行试情。FSH 预处理是在发情后的第二天或第三天给试验母羊做 70 IU FSH 预处理，随后在 11 ～ 16 天再进行总量 300 IU FSH 正常处理。

（4）PG+FSH+ P4+LHRH-A3 法

以埋栓当天为第 0 天，第 11 天换栓，第 16 天开始以 4 天 8 次法注射 FSH（总量 160IU），第 19 天撤栓时同时注射 PG 0.1mg，撤栓后第二天羊发情配种，在发情配种时注射 LHRH-A3 80 IU。配种是在母羊接受爬跨或从阴道流出透明液体时，间隔约进行第二次直配，直至母羊拒配为止。在发情配种后第三天开始采用 3 天 6 次法注射 P4（总量为 6mL）。

（5）PG+FSH+LHRH-A3 法

第 0 天早上一次肌注 0.1mg PG，第六天放置阴道栓，第 14、15、16 天分别注射 150、100、50IU 的 FSH，第 16 天下午撤除阴道栓，并肌注 PG 0.1mg，第 17 天一次肌注 50μg 的 LHRH–A3 并配种。

三、胚胎移植技术

胚胎移植是指将一头良种母畜配种后的早期胚胎取出，移植到另外一头或数头同种的、生理状况相同或相似的母畜生殖道的适当部位，使之继续发育成新个体的过程。受体母羊并没有将遗传物质传给后代。

1. 胚胎采集

胚胎采集技术就是将超排供体配种后的早期胚胎在规定的时间内从供体的生殖道中取出的技术。胚胎采集既要快速、准确地冲出胚胎，又要尽量减少手术对供体母羊生殖器官的损伤，保证供体体况的快速恢复。

具体步骤如下：①供体羊在手术前要禁食 24 ~ 48h，给予适当饮水，实施全身麻醉；②湖羊发情后 6 ~ 8 天胚胎已经进入子宫，因此可在剖腹检查卵巢和子宫后进行胚胎回收，获取输卵管胚胎时，可将导管从输卵管的伞部插入，用 50 mL 温冲胚液冲洗，从宫管结合部冲洗胚胎；③采集结束后进行缝合。

2. 胚胎移植

受体是接受移植胚胎的母畜，受体必须能够保证胎儿发育的营养需要，移植的胚胎才能在受体体内发育为胎儿。移植胚胎时，受体必须和供体处于相同的发情阶段，才能获得较高的成功率。因此受体的发情情况对移植成功率有重要影响。

（1）受体同期发情处理

可用供体羊相同的同期发情法处理。一般来说，供、受体发情同期化在 ±12h 之内时，其妊娠率没有显著差异。

（2）胚胎注入

受体羊在移植前禁食 12 ~ 24h，在乳房前 6cm 处的中线两侧各 2cm 处分别切一个小口，插入腹腔镜头和固定钳。通过腹腔镜进行黄体计数并用固定钳固定宫管结合部，插入一套 7cm、内径 7mm 的套管针，很快拔出针芯，伸入 18 号长针刺入子宫角，拔出长针，再将装在 1 mL 注射器上含有胚胎的毛细管通过子宫角上针头的穿孔插入 2 ~ 3cm，以保证毛细管尖端游离在子宫腔，再向后拉 1cm，防止尖端黏在子宫内膜，最后推动 1cm 注射器送入胚胎，滞后缝合。

四、影响胚胎移植的因素

影响胚胎移植成功率的因素很多，除了影响供体超数排卵的因素外，还有许多因素影响着胚胎移植的效果，这些因素主要有受体方面的因素和其他一些如季节、天气、胚胎质量等因素。

受体因素：受体对胚胎移植成功率的影响因素，主要包括与供体发情同步化程度、受体的黄体状况、品种、年龄、所处的繁殖阶段、外界因素对受体的影响、手术损伤等。

其他方面的因素：供体超排时如遇天气突然变化，降温或连阴、雨雪，会造成供体发情迟缓、不发情或排卵障碍，这可能与光照改变、气温降低和供体采食受到影响有关。

五、母羊妊娠诊断技术

母羊从开始怀孕到分娩，这一时期称为怀孕期或妊娠期。怀孕期的长短，因品种、多胎性、营养情况等的不同而略有差异。早期妊娠诊断技术可以确定已妊娠的母羊，既有利于维持妊娠母羊健康状况，避免饲养管理不当造成流产，也能尽早发现未妊娠母羊，及时采取复配工作。

目前母羊的早期妊娠诊断方法主要有以下几种。

羊试情法：最常用的方法就是利用试情公羊来鉴别返情的母羊。

表观特征观察法：母羊受孕后，在孕激素的制约下，发情周期停止，变得更加温顺，同时怀孕母羊采食量增加，营养状况的改善促使其毛色发亮。

触诊法：触诊时使母羊自然站立，然后两手以抬抱方式，在腹壁前后滑动，在乳房的前上方触摸是否有胚胎胞块，抬抱时动作要轻柔，防止母羊流产。

孕酮检测法：通过测定 20 天左右母羊血样中的孕酮含量来进行诊断也是一种可靠的方法，该方法的检测准确性能在 90% 以上。

代谢产物检测法：在拥有合适的实验室条件下，通过检测母体血样中的硫酸雌酮含量，以及检测粪球中的雌激素含量等，都是妊娠诊断的可靠方法，但其缺点在于对实验室要求较高，一般养殖场并不具备适宜条件。

超声波检测法：超声波检测法是现今在妊娠诊断中最具有前景的方法，目前最常使用的诊断仪器是 B 型超声波诊断仪。检查方法是将待查母羊保定后，在腹下乳房前毛稀少的地方涂上凡士林或液状石蜡等耦合剂，将超声波探测仪的探头对着骨盆入口方向探查。用超声波诊断羊早期妊娠的时间最好是配种 40 天以后，这时胎儿的鼻和眼已经分化，易于诊断。

第四节
人工授精技术

一、公羊采精

公羊的采精主要通过假阴道采精法，即利用假阴道收集种公羊的精液。在整个采精过程中要保证收集到种公羊射出的全部精液，不能造成精液的污染或精液品质的改变，还要确保种公羊和精子均无损伤。

1. 种公羊选择

一般来说，公羊的采精比较容易，但是初次参加配种的公羊，就不太容易采出精液来，必须对种公羊进行采精调教。采用人工授精技术，应根据公羊繁殖性能及对假阴道反应情况进行种公羊的筛选，主要考察其能与假阴道交配并射精；射精量、精子浓度和活力等均应符合人工授精的要求。

2. 采精前准备

采精场地要求宽敞、明亮、地面平整，环境安静、清洁，设有采精架、真台羊（或假台羊）等必要设施，其基本结构包括采精室和实验室两部分。采精室可采用开敞的棚舍，但实验室必须是可封闭的建筑空间。一般羊场只要选择某一开阔场地，固定好假台羊或保定架即可进行采精。

湖羊采精时可使用发情好的健康母羊作为台羊，性欲强的公羊亦可使用未发情的母羊或假台羊。真台羊可以人为保定，亦可以使用保定架进行保定。在采精前，应对公羊生殖器官进行清洗和消毒；将假阴道清洗、消毒并安装好，假阴道的内胎充气后，一端呈"Y"形或"X"形方可使用，其他形状均不能使用。

采精前应调整种公羊性欲达最佳状态。种公羊体况应该适中，防止过肥或过瘦。采精集中期应饲喂全价饲料，并给予适当运动，做好定期检疫和清洗体表。春季种公羊精液的品质相对较差，在此期间可适当补充高蛋白饲料，如每天拌料饲喂 3 ~ 5 个生鸡蛋、胡萝卜和虾米等。

人工授精使用的种公羊是经过长期训练而成的，在生产中主要采用榜样示范法对种公羊进行采精训练。一般在采精室一侧设置采精调教位置，当训练好的公羊正在采精时，让待调教的公羊在旁观看，使其自然爬跨台羊。调教公羊时应注意如下事项：要反复进行训练，耐心诱导，切勿施加强迫、恐吓、抽打等不良刺激，以防止性抑制而给调教造成困难。最好选择在早上调教，早上公羊精力充沛，性欲旺盛；调教的时间、地点要相对固定，每次调教时间最好不要超过 30min。

3. 采精方法与步骤

种公羊从阴茎勃起到射精只有很短的时间，所以要求操作人员做到敏捷、准确，具体的操作步骤如下。

（1）台羊的准备

真台羊可人为保定，操作时保定人员抓住台羊的头部，不让其往前跑动即可。如用采精架保定，可将真台羊牵入采精架内，将其颈部固定在采精架上。用 0.1% 高锰酸钾溶液冲洗台羊的外阴、后躯并擦干。

（2）种公羊的消毒

将种公羊牵到采精场地内，种公羊的生殖器官可用 0.1% 高锰酸钾溶液清洗消毒，尤其要将包皮部分清洗干净。

（3）采精员的准备

将种公羊牵到台羊旁，采精员应蹲在台羊的右后侧，手持假阴道，假阴道和地面约成 35° 角，随时准备将假阴道固定在台羊的尻部。

（4）采精操作

当种公羊爬跨、阴茎伸出跃上台羊后，采精员手持假阴道，迅速将假阴道筒口向下倾斜，与种公羊阴茎伸出方向成一直线，左手掌心向上在包皮开口的后方托住包皮，将阴茎拨向右侧导入假阴道内。当种公羊用力向前一冲后，即表示射精完毕。在射精的同时，采精员应使假阴道和集精杯一端略向下倾斜，以便精液流入集精杯中。将假阴道直立，筒口向上，并送至精液实验室内，内胎放气后，取下精液杯，盖上盖子。

采精操作完成后，应将精液尽快检测。种公羊第一次射精后，可休息3～4h后进行第二次采精，采精前应更换新的采精杯，并重新调节内胎温度和压力，最好准备2个假阴道用于1头种公羊的采精。种公羊在春季精液量和配种比较差，而在秋季为最好，具体情况应根据种公羊精液品质与性功能状况调节其采精频率。

二、精液品质检查

精液检查的目的是鉴定精液品质的优劣，以便判断精液的利用价值。精液品质检查实验室应配备精液品质检测的全套设备和用具，包括微量移液器及配套吸头、磁力搅拌器、恒温加热板、显微镜等，以便及时对精液品质和指标进行评定。

精液检测可分为常规检查和定期检查两类。常规检测项目为射精量、色泽、气味、云雾状程度、精子活力、精子密度和精子畸形率等7项指标，定期检测项目包括精液pH值、精子死活率、精子存活时间及生存指数和精子抗力等指标。

1. 肉眼观察

肉眼观察包括射精量、色泽、气味及云雾状程度。

射精量是指公羊每次所射精液的体积。以连续3次以上正常采集到的精液量平均值代表射精量。湖羊种公羊在繁殖季节正常的射精量平均为1.5mL。

精液的颜色一般为乳白色，比较浓稠，总体颜色因精子浓度高低而有所差异，乳白色程度越重，表示精子密度越高。一般无特殊气味或略有膻味，若有异味则表示不正常，不可用于输精。

　　正常精液因精子密度大，表现为混浊不透明，用肉眼观察时，可见因精子运动所形成的云雾状翻腾，云雾状翻腾越明显，说明精液的精子密度和活力就越好。

2. 精子活力检查

　　精子活力也称精子活率，是指在 37℃环境下精液中前进运动精子占总精子数的比率，一般用百分制表示。精子活力的主要测定方法是估测法。具体测定程序如下：恒温电热板放在载物台上，打开电源并将温度设为 37℃，然后将载玻片放于电热板上进行预热；将生理盐水加热至与精液等温，按 1∶10 的比例稀释；取 20 ~ 30 μL 稀释后的精液，放在预温后的载玻片中间，盖上盖玻片，用 100 倍和 400 倍显微镜检查；在显微镜下判断视野中前进运动精子所占的百分率。

　　精子运行方式有 3 种，包括直线前进运动、回旋运动和摆动，其中只有直线前进运动的精子才是有活力的。评估直线前进运动的精子所占的百分率，通常是用十级评分法。即约有 80% 的精子做直线前进运动的评为 0.8，有 60% 精子做直线前进运动的为 0.6，依次类推。湖羊原精液活率一般可达 0.8 以上。在检查（评定）精子活率时，要多看几个视野，需要上下扭动显微镜细螺旋，观察上、中、下三层液层的精子运动情况，才能较精确地评出精子的活率。

3. 精子密度检查

　　精子密度也称精子浓度，指单位体积精液中所含的精子数，常用"亿个 /mL"表示。公羊精液的精子密度不能低于 6 亿个 /mL，否则不能用于人工授精和制作冷冻精液。目前测定精子密度的方法常用估测法和红细胞计数板法。

4. 精子畸形率检查

　　精液中形态不正常的精子称为畸形精子，精子畸形率是指精液中畸形精子数占总精子数的百分比。畸形精子一般分为 4 类：头部畸形、颈部畸形、中段畸形、主段畸形。畸形率对受精率有重要影响，如果精液中的畸形精子在 20% 以上，受精就会受到影响。通常采用显微镜染色检查精子畸形率。检查时，一般计数 200 ~ 500 个，计算畸形精子百分比。

三、精液稀释

精液的密度大，一般 1mL 原精液中约有 25 亿个精子，但配种时只要输入不少于 2000 万个有效精子就可使母羊受胎。精液稀释不仅可以扩大精液量，增加可配母羊数，更重要的是稀释液可以中和副性腺的分泌物，缓解对精子的损害作用，同时供给精子所需要的营养，为精子生存创造一个良好环境，从而达到延长精子存活时间、便于精液保存和运输的目的。根据稀释液的性质，稀释液可分为现用稀释液、常温保存稀释液、低温保存稀释液和冷冻保存稀释液 4 类。

现用稀释液以扩大精液容量、增加配种头数为目的，适用于采精后立即稀释并输精，稀释液以简单的等渗糖类和奶类物质为主体配制而成。在养殖场人工授精可采用这种稀释液。目前精液保存稀释液配方较多。

常温保存稀释液适合精液常温短期保存用，一般 pH 值较低。常温保存稀释液有鲜乳稀释液、葡萄糖 – 柠檬酸钠 – 卵黄稀释液。鲜乳稀释液是将新鲜牛奶或羊奶用数层纱布过滤，然后水浴加热至 92 ～ 95℃，维持 10 ～ 15min，冷却至室温，除去上层奶皮，每毫升加青霉素 1000IU、链霉素 1000μg 制成。

低温保存稀释液适用于精液低温保存，其成分较复杂，多数含有卵黄和奶类等抗冷休克作用物质，还添加甘油或二甲基亚砜等抗冻害物质。

冷冻保存稀释液一般含有低温保护剂（卵黄、牛奶等）、抗冻保护剂（甘油、乙二醇等）、维持渗透压物质（糖类、柠檬酸钠、EDTA 等）、抗生素（青、链霉素或硫酸庆大霉素等）及其他添加剂。

稀释液的温度要与精液的温度一致，在 25℃ 左右时进行稀释。精液进行适当倍数的稀释可以提高精子的存活率，一般精液的稀释比例为 1 ：（20 ～ 40）。

四、精液保存

精液保存可以暂时抑制或停止精子的运动，降低其代谢速度，减缓其能量消耗，以达到延长精子存活时间而又不导致其丧失受精能力的目的。保存方法分为常温（15 ～ 25℃）保存、低温（0 ～ 5℃）保存、冷冻（-79℃ 或 -196℃）保存。

1. 常温保存

常温保存允许温度有一定的变动幅度，无需特殊的温控和制冷设备，操作比较简便。一般公羊的精液常温保存48h后，成活率仍可达原精液活力的70%左右。保存方法是将稀释后的精液装瓶密封，用纱布或毛巾包裹好，置于温度为15～25℃的环境中避光保存，通常采用隔水保温方法处理，缺点是保存时间较短。

2. 低温保存

低温保存是将稀释后的精液置于0～5℃的条件下保存。在这种低温条件下，精子活动受到抑制，降低其代谢和能量消耗、抑制微生物生长，以达到延长精子存活时间的目的。稀释后的精液为避免精子发生冷休克（0～10℃），必须采取缓慢降温方法，整个降温过程需1～2h。方法是将分装好的贮精瓶用纱布或毛巾包好，再裹以塑料袋防水，置于0～5℃低温环境中存放。最常用的保存方法是将精液放置在冰箱内保存。低温保存的精液在使用前要进行升温处理。

3. 冷冻保存

冷冻保存解决了精液长期保存和运输困难的问题，极大地提高优良种公羊的利用率，加速良种推广步伐。将精液用冷冻稀释液稀释后经精液的平衡（1～5℃条件下静置平衡2～4h），然后用液氮冻制颗粒或细管冻精，放在液氮贮精罐内备用。对于冷冻精液可用液氮罐进行运输，但目前由于冷冻精液存在受胎率偏低的问题，难以在生产中推广应用，生产中仍以液态精液人工授精为主。

五、人工授精

人工授精是指用器械采集公羊精液，在体外经检查处理后，再用器械将一定量的精液输入到发情母羊生殖道的一定部位，用人工操作的方法代替自然交配的一种繁殖技术。具体步骤如下：

1. 授精器械准备

所需器械药品：液氮罐、羊冻精、开膣器、输精枪、解冻管、镊子、酒精灯、酒精棉球、药棉等。

2. 精液解冻

取 0.3mL 12.9% 柠檬酸钠溶液置于解冻管中，放入 37℃ 左右的水预热；镊子放入液氮罐预冷后取出 1 支冻精管并立即放入预热的解冻液中，轻轻摇晃，当冻精溶解至 1/2 至 2/3 后从水中取出，继续摇动直至全部溶解。

3. 插入开膣器

用消毒液擦净母羊的外阴部和尾巴，给开膣器末端和外阴部涂抹无菌润滑油，然后按照母羊尻部的倾斜度，缓慢地将开膣器插入体内，使其达到阴道末端。

4. 确定子宫颈位置

子宫颈位于阴道底部并稍微突出，与阴道不在一条直线，稍微偏离 20° 左右。如果有黏液妨碍观察，可用吸管吸出黏液。

5. 输精器械准备

精液已经加温，就应避免再次受冷。因水能杀死精子，所以用具都要彻底干燥。输精前，将输精枪的活塞拉回，插入冻精细管，棉花封头朝向活塞，切下细管另一头并使切口整齐。套上细管套并扭紧"O"环，以便握稳输精枪。

6. 输精

通过子宫颈插入输精枪，枪头插入时多数会遇到阻力。切记不要用枪头在子宫内探索，必须用稳定的推力旋转进入，仔细操作枪头进入子宫颈，通过时常能感觉到子宫颈环。将另一根同长度的细管放置于子宫颈口以便测量进入的深度，感觉枪头到位后，缓慢、平稳地注入精液。输精完毕后，小心取出其他器具。

7. 输精后用具的清理

输精枪和开膣器在输精完成后都应立即用温碱水或洗涤剂冲洗，再用温水冲洗，以防精液粘在壁上，而后擦干保存。

六、人工授精的优点

人工授精与自然交配相比具有以下优点。

（1）自然交配时公羊1次只能配1只母羊，而人工授精要求的输精量较少且可以进行精液稀释，因此公羊采精1次可供几只甚至几十只母羊授精，不但可大幅提高配种数量，而且还可以充分发挥优良公羊种用价值，提高整体羊群质量。

（2）采用人工授精可将精液完全输送到母羊子宫颈或子宫颈口，增加了精子与卵子结合的机会，同时也解决了母羊因阴道疾病或因子宫颈位置不正所引起的不育。另外，通过对精液品质的检测，可避免因精液品质不良造成母羊空怀，大大提高了母羊的受胎率。

（3）在自然交配过程中，由于公、母羊的身体和生殖器官相互接触，容易导致某些传染性疾病和生殖器官疾病的传播。人工授精避免了公、母羊的直接接触，使用经过严格消毒后的器械，大大减少了疾病传播的机会。

（4）采用人工授精方法，可以减少种公羊的饲养数量，节约养殖成本，提高养殖经济效益。

（5）采用人工授精可实现公羊精液的长期保存和远距离运输，这可进一步发挥优秀种公羊的种用价值，有效改造低产羊群。

第五节
提高湖羊繁殖力的技术措施

一、湖羊繁殖力的影响因素

遗传因素：品种不同繁殖力也不同。湖羊一般能1年产2胎或2年产3胎，每胎基本上产2羔，甚至每胎产3～4只，通过选种能有效地提高湖羊的多胎性，提高湖羊繁殖力。

营养因素：营养条件对湖羊繁殖力影响较大，加强营养是提高湖羊繁殖力的有效措施。在配种前进行短期优饲，能提高母羊排卵率和公羊的精液质量。

温度因素：在夏季气候炎热时，湖羊公羊射精量会相对减少些，精子活力也相对下降。在炎热天气为公羊做好降温措施，可保证和提高精液质量。

年龄因素：湖羊母羊的产羔率一般随年龄的增加而增加，繁殖力在 3 ~ 4 岁时最高。但无论公羊或母羊，7 岁以后繁殖力均会逐渐下降。

技术因素：合理利用选种选配、人工授精、超数排卵以及胚胎移植等技术，可适当提升湖羊的受胎率和产羔率。

二、提高湖羊繁殖力的技术措施

1. 重视湖羊繁殖性状的选育

羊的繁殖性状属于低遗传力性状，且为限性性状，传统的育种方法遗传进展慢、周期长、效果不理想。随着基因组学的发展，大量控制羊重要经济性状的主效基因被鉴定、分离，实现了从分子层面直接进行品种的遗传改良，为羊繁殖性状遗传改良提供了新途径。因此可通过强化多胎基因的选择来提高多胎基因型的频率，使群体的多胎率得到提高。

2. 提高种公羊和繁殖母羊的营养水平

营养水平对羊的繁殖力影响极大。种公羊在配种时期与非配种时期均应给予全价的营养物质。因此必须加强公羊的饲养管理，常年保持种公羊的种用体况良好。公羊良好种用体况的标志应该是：适宜的膘情，性欲旺盛，接触母羊时有强烈交配欲，体力充沛，精液品质好。由于母羊是羊群的主体，是生产性能的主要体现者，同时兼具繁殖后代的重任，对营养中下等和瘦弱的母羊要在配种前给予必要的优饲，以提高母羊整体高繁殖力。

3. 加强精细化饲养管理工作

良好的饲养管理可以提高湖羊种公羊的性欲、改善精液品质。在配种前及配种期，应给予公、母羊足够的营养。注意种公羊配种前一个半月和配种期的饲料供应，用全价的营养物质饲喂公羊，受胎率、产羔率都会在一定程度上得到提高，羔羊初生重也相对较大。加强湖羊母羊妊娠后期和哺乳前期的饲养，保证足量的配合精料及优质饲草的供应。母羊在妊娠期间，如果饲养管理不当，可能引起胎儿死亡。对于羔羊要加强护理，及时吃初乳、诱导开食，适时适量补充精料，保持良好环境卫生状况，可以提高羔羊存活率。

4. 加强羊场羊舍环境控制

温度对繁殖力的危害以高温为主，低温危害较小。气温过高时，羊群散热困难，影响其采食和饲料报酬，所以气温较高的地区，湖羊的生产能力一般较低。湖羊虽然在全年都具有生育能力，但睾丸的生精和内分泌功能呈现季节性变化特点。研究表明，季节影响湖羊的射精量和精子活力，做好夏季的防暑降温工作，对提高羊群的繁殖力有重要意义。

5. 切实做好种羊的选种和选配

受胎率与配种时间密切相关，合理选配，有利于提高羊群繁殖力。母羊年龄不同，配种时间也不同，一般是"老配早，少配晚，不老不少配中间"。母羊的选择尤为重要，如第一胎即产双羔的母羊，往往具有较好的繁殖力。选择头胎产双羔和前三胎产多羔的母羊，可以提高母羊的双羔率和整体繁殖力。利用湖羊多胎的品种特性与地方品种羊杂交，杂交后代的杂种优势明显，可以高效快速地提高繁殖力，显著提高生产效益。

6. 采用繁殖控制技术

随着养羊研究与实践的深入，合理利用人工授精技术、同期发情技术、胚胎移植技术、超数排卵技术等繁殖新技术，能大大提高母羊的繁殖效率。

第四章

常见粗饲料高效利用技术

第一节
常用饲料种类及营养特点

一、青绿饲料

青绿饲料，也叫青饲料、绿饲料，是指可以用作饲料的植物新鲜茎叶，天然水分含量等于或高于60%，因富含叶绿素而得名。青绿饲料主要包括天然牧草、栽培牧草、田间杂草、菜叶类、水生植物及非淀粉质茎根、瓜果、藤类等。青绿饲料蛋白质含量较高，富含多种维生素，纤维素含量较低，适口性好，消化率高，种类较多，合理利用青绿饲料，可以节省湖羊饲养成本，提高养殖效益。

1. 青绿饲料分类

天然牧草：如禾本科、豆科、菊科和莎草科四大类，牧地牧草的利用多是在牧草生长旺盛时期，青割或晒制青干草。

栽培牧草：如杂交狼尾草、青贮玉米、苏丹草、多花黑麦草、燕麦和大麦等，其粗纤维含量较低，可溶性碳水化合物含量高，适口性较好。

蔬菜类：如白菜、油菜、菠菜、甜菜叶、甘薯藤和胡萝卜等，这些菜一般含水量较多，大多在80% ~ 90%。

水生饲料：包括水浮莲、水葫芦、水花生和红萍等。

2. 青绿饲料的主要营养特点

（1）青绿饲料蛋白质含量丰富

一般来讲，青绿饲料中的蛋白质含量可满足湖羊对蛋白质的相对需要量。以干物质计，青绿饲料中粗蛋白质含量比禾本科籽实中蛋白质含量要高，而且单位面积上蛋白质的收获量多。青绿饲料中含氨基酸种类丰富，而且氨基酸组成也优于其他植物性饲料，所以，青饲料的蛋白质生物学价值很高。

（2）青绿饲料是湖羊多种维生素的主要来源

青绿饲料可提供多种维生素，特别是胡萝卜素，每千克青草中含有 50 ~ 80mg

胡萝卜素，维生素 B 族、维生素 C、维生素 E、维生素 K 的含量也较高。在日粮中若能保证供应青绿饲料，湖羊则不容易患维生素缺乏症。

（3）青绿饲料是湖羊钙的重要来源之一

青绿饲料中矿物质的含量变化很大，受影响的因素较多，如植物种类、土壤条件、施肥情况等。青绿饲料中钙、钾等碱性元素含量丰富，特别是豆科牧草，钙的含量更高。因此以青绿饲料为主食的动物不容易缺钙。此外，青绿饲料还含有丰富的铁、锰、锌、铜等微量矿物元素。

（4）青绿饲料适口性好

青绿饲料适口性好，能刺激湖羊的采食量，同时青绿饲料质地松软，消化率高，日粮中加入青绿饲料后，会提高整个日粮的利用率。青绿饲料还是湖羊摄取水分的主要途径之一。

3. 青绿饲料的利用

（1）适时刈割，保证营养

随着植物的生长，青绿饲料的营养价值也会随之发生变化。不同青绿饲料的最佳利用时间是不一样的。禾本科的最佳利用时间一般在孕穗期，豆科作物的最佳利用时间则在初花期至盛花期。青绿饲料若是直接饲喂，收割期可适当提前，若是作青贮利用和干草晒制则可适当推迟收割。

（2）力求新鲜，保证健康

青绿饲料直接饲喂湖羊，一定要保证饲料的新鲜和干净。青绿饲料含水量较高，一般在 85% 以上，易腐烂，不易久存，如不进行青贮制作和干草晒制，则应及时饲用，否则会影响适口性，若有腐烂则食用后会导致湖羊中毒。因此，适时刈割的新鲜青绿饲料，应摊开进行存放，避免堆积引起生物发酵产生有害毒素；有露水的青绿饲料应先晾干后再进行饲喂。

（3）合理搭配，保证均衡

青绿饲料虽然是湖羊良好的饲料，但单位重量青绿饲料的干物质含量并不高，其营养价值也相对不高，因此青绿饲料必须与其他饲料（如青干草、青贮饲料等）搭配利用，以求达到最佳的饲喂效果。根据反刍动物对粗纤维的利用能力较强的特点，湖羊日粮中可以草食饲料为主，辅以适量精料。

二、能量饲料

能量饲料指干物质中粗纤维含量低于18%，粗蛋白含量低于20%，且富含碳水化合物的饲料，包括禾本科谷实类、糠麸类、淀粉质块根块茎类、糟渣类等，玉米和麦麸占主导地位。

1. 谷实类饲料

谷实类籽实的营养特点是无氮浸出物含量高，占干物质的71.6% ~ 80.3%，而且其中主要是淀粉，占82% ~ 90%，故其消化率高达90%以上。粗纤维含量最低一般在6%以下，蛋白质含量比较低，含有一定数量的粗脂肪，且多属于不饱和脂肪。谷实类一般含钙、维生素和微量元素都很少。谷实类饲料主要种类有以下几种。

玉米：玉米是最重要的能量饲料，素有"饲料之王"之称，含可溶性碳水化合物较高，粗纤维含量很少，硫胺素含量相当丰富，适口性极佳，且易消化，是湖羊的主要能量饲料。根据玉米颜色可分为黄玉米、白玉米、红玉米，其中黄玉米中富含胡萝卜素，营养价值较高，但玉米中蛋白质含量较低，且品质较差，色氨酸和赖氨酸的含量不足，钙含量少，缺乏维生素D。因此，以玉米为主的配合饲料大量用于湖羊日粮时，比如用于羔羊育肥及湖羊补饲等，必须搭配一定量的饼粕，必要时还要添加色氨酸和赖氨酸，以确保湖羊日粮的均衡营养。另外，还应注意整粒玉米饲喂湖羊容易导致消化不全，应稍加粉碎，但玉米含有较多的脂肪，故破碎后易腐败，不宜长久保存。

小麦及麦麸：小麦的粗蛋白质含量在谷类籽实中也是比较高的，一般在12%左右。受传统观念影响，以往小麦很少用作饲料，近年来小麦在饲料中的用量逐渐增多。小麦饲喂湖羊以粗粉碎或蒸汽压片效果比较好，整粒饲喂容易引起消化不良，如果粉碎过细，麦粉在湖羊口腔中呈糊状则饲喂效果降低。小麦在湖羊瘤胃中消化很快，其营养成分很难直接到达小肠，所以不宜大量使用。细磨的小麦经炒熟后可作为羔羊代乳料的成分，适口性好，饲喂效果也比较好。

高粱：高粱是北方地区普遍种植的一种饲料作物。饲用价值比玉米、大麦略低,粗蛋白质含量低且生物学效价不高,而且缺乏钙、维生素和赖氨酸、蛋氨酸、色氨酸和异亮氨酸等。在高粱籽实中含有1%的单宁,具有苦涩味,适口性较差,易发生便秘。单宁在湖羊体内与蛋白质发生结合,从而影响营养物质的吸收利用,过量投喂可引起消化不良。高粱和玉米的饲养价值相似,但能量略低于玉米,饲喂效果相当于玉米的90%左右,也不宜用整粒高粱饲喂湖羊。

稻谷:稻谷含粗纤维比较高,而且表面很粗糙,因此其适口性差,消化率也比较低,如用作饲料,不宜超过日粮的10%,但稻谷脱壳后的糙米及制米筛分出来的碎米是好饲料,糙米中所含代谢能及粗蛋白质与玉米较为相似,适口性相对较好,易消化,缺点是糙米价格较高,成本较大。

2. 加工副产品饲料

加工副产品是指谷实籽实经过加工提取后剩下产物,如麸皮、米糠、玉米皮和粉渣等。

麸皮:麦子加工的副产品,常用的有小麦麸和大麦麸等。其营养价值高低与麦子加工精度有关,加工越精,麸皮的营养价值越高。麸皮适口性好,粗蛋白质含量在14%左右,具有轻泻性。常见的品种有次粉和小麦麸。

次粉是小麦加工成面粉时的副产品,为胚芽、部分碎麸和粗粉的混合物。其粗蛋白质13.6%左右。影响次粉质量的因素为杂质含量及含水量,发霉、结块的次粉不能使用。

小麦麸是生产面粉的副产物。小麦籽实在面粉加工过程中,往往只有85%的胚乳转变成面粉,其余15%与种皮、胚等混合成小麦麸。由于粗纤维含量高,代谢能含量很低。小麦麸结构蓬松,有轻泻性,在日粮中的比例不宜太多。麦麸的蛋白质含量较高,可达12.5%～17%,但其质量较差,赖氨酸和蛋氨酸的含量很低,其他氨基酸含量也都不能满足湖羊的营养需要。因此,用小麦麸作湖羊配合饲料原料时应考虑用优质蛋白质饲料进行平衡调整。

米糠:米糠是水稻产区的重要精料之一。米糠是糙米加工成白米时的副产物,其营养价值与米的加工精度有关,粗蛋白质含量较高,达14.7%左右,含代谢能11.21MJ/kg左右,含油量很高,高达16.5%。米糠中含有较多的脂肪,不耐贮存。在贮存不当时,脂肪易氧化而发热霉变。

玉米皮：玉米皮是玉米深加工企业生产的一种副产品。将玉米颗粒经过浸泡后进入淀粉生产过程，后经洗涤、挤水、烘干等工序加工而成，其主要成分是纤维、淀粉和蛋白质等。玉米经过浸泡、破碎后分离出来的玉米表皮，蛋白质、淀粉含量较高，可用于饲料行业；普通玉米纤维经过添加玉米浆后干燥而成的产品即为加浆纤维，蛋白含量可达 16% 以上，主要用于生产饲料。将玉米皮用酶水解后制成膳食纤维，膳食纤维又称第七营养素，在体内能生成溶胶和凝胶，延迟食物成分在消化器官内扩散，促使延缓糖分吸收及对无机质、有机质的吸收。

粉渣：包括玉米粉渣、马铃薯粉渣等，是加工粉条的副产品。玉米粉渣含无氮浸出物达 49.92%，粗蛋白 16.48%，粗纤维 28.16%。马铃薯粉渣含无氮浸出物高达 81.82%，粗蛋白 2.82%，粗纤维 9.8%，粗脂肪 0.67%，这类饲料适应性好，但难运输和贮藏，特别注意防霉变。

3. 块根块茎类饲料

块根块茎类饲料含水分高达 70% ~ 90%，风干样含无氮浸出物高达 67% ~ 88%，且多是易消化的糖粉、淀粉或聚戊糖，其消化率较高，但粗蛋白质含量比较低。主要有胡萝卜、甘薯和马铃薯等。

胡萝卜：胡萝卜是很好的能量饲料，更重要的是含有的胡萝卜素极高，它常作为湖羊冬春季的维生素保健饲料和调味品，用以改善日粮的口味，调节消化功能，提高食欲，特别是胡萝卜能够增加母羊泌乳性能和公羊的繁殖性能。

甘薯：甘薯也叫红薯、地瓜等，是我国栽种广泛、产量最大的薯类作物，饲用价值近似于玉米，也是湖羊良好的能量饲料，以块根中的干物质含量计算比较，甘薯比水稻、玉米产量都要高，其有效能值接近稻谷，适合作为湖羊的能量饲料。甘薯中蛋白质含量较低，粗纤维少，富含淀粉。甘薯粉和其他蛋白质饲料结合，再添加足够的矿物质饲料，制成颗粒饲喂湖羊可取得良好的饲喂效果。

马铃薯：马铃薯又称土豆等，风干样含无氮浸出物为 82.7%，含淀粉量约为 70%，消化能超过玉米。但是应该注意发芽马铃薯中含有茄素（龙葵素），在饲用前必须去芽，否则可引起动物中毒。

三、蛋白质饲料

蛋白质饲料指自然含水率低于 45%，干物质中粗纤维含量低于 18%，而粗蛋白质含量达到或超过 20%，营养丰富的一类饲料，豆类、饼粕类和鱼粉等均划归蛋白质饲料。

按照主要来源不同，蛋白质饲料可分为动物性蛋白饲料、植物性蛋白饲料、单细胞蛋白饲料和非蛋白氮饲料四大类。

蛋白质饲料特点是蛋白含量非常高，尤其是动物性蛋白饲料，除乳制品和骨肉粉蛋白含量为 30% 左右外，其他都在 50% 以上，而且品质大多都特别好，富含各种必需氨基酸，特别是植物性饲料缺乏的赖氨酸、蛋氨酸和色氨酸都比较多。这类饲料含无氮浸出物特别少（乳制品除外），粗纤维几乎为零，有些脂肪含量高，加之蛋白含量又高，所以它们的能值高。灰分含量高，钙磷比较丰富，且比例良好，有利于湖羊的吸收利用，同时动物性蛋白饲料还含有丰富的维生素，特别是维生素 B_2 和 B_{12}。这类饲料还有一种特殊的营养作用，即含有一种未知的生长因子，能促进并提高湖羊对营养物质的利用率，不同程度地刺激生长和繁殖，是其他营养物质不能代替的。

饲料中的含氮化合物叫做"粗蛋白质"，但并不是完全意义上的蛋白质，还含有其他复杂的蛋白质、多肽、氨基酸和酰胺等。饲料工业上所有的蛋白质饲料几乎都是成熟了的籽实及籽实的加工产物，它们的含氮化合物主要是蛋白质。

1. 动物性蛋白饲料

动物性蛋白饲料的营养特点是粗蛋白质含量高，可达 40% ~ 90%，主要有鱼粉、肉粉、虫粉、乳、乳制品、水解蛋白及其他动物产品等。我国生产的鱼粉中粗蛋白质含量多数在 40% 左右，碳水化合物含量较少，氨基酸含量比较平衡，生物学价值较高，矿物质含量较丰富，而且比较平衡，利用率也高。动物蛋白饲料的 Ca、P 含量都比植物性饲料高，维生素含量比较丰富，特别是维生素 B 族含量都比较多。

鱼粉：鱼粉种类甚多，由于鱼来源、加工过程不同，饲用价值也不尽相同。一般来说，蛋白质含量越高，饲用价值也越大；水分、脂含量越少，质量越好，蛋白越不易变质，脂肪越不易氧化腐败。总的来说，鱼粉是一种高营养价值的饲料，但作为反刍动物饲料不是很理想，不如豆饼、棉籽饼等植物蛋白好。

肉粉和骨肉粉：肉粉由人不能食用的肉、内脏等制成，粗蛋白含量约60%。骨肉粉还包括不能供人食用的骨头，其矿物质含量高。二者消化率都可达80%左右。

角质蛋白饲料：主要有羽毛粉、毛发粉。一般加工是经过高压、蒸煮处理，使蛋白软化，二硫键水解。加工较好的这类饲料消化率可达80%以上。

虫粉：就是昆虫经过烘干、粉碎和脱脂萃取之后的粉末，也可以作为动物的动物性蛋白饲料。

2. 植物性蛋白饲料

粗蛋白含量高于20%，粗纤维含量低于18%的植物饲料（包括副产品）都属于植物性蛋白饲料。

植物蛋白饲料的主要营养特点是不同种类饲料蛋白质含量差异非常大，大致在20%～50%的范围内。饼粕粗蛋白含量比籽实类高，必需氨基酸含量比禾谷类更平衡，蛋白质利用率也比谷类蛋白质高，是谷类的1～3倍。蛋白质是最有饲用价值的部分，主要种类包括大豆、大豆饼粕、菜籽饼粕和花生饼粕等。

大豆：其籽粒用作饲料少，就营养价值来说，其蛋白质、脂含量均比较丰富，粗蛋白含量在37%～38%。作为反刍饲料，用于奶牛、肉羊配合饲料效果很好，但不宜用量过多。

大豆饼粕：大豆提取油后的副产物，粗蛋白含量高达40%～47%，且富含赖氨酸，适口性好，是蛋白质类饲料中最好的一种饲料。大豆饼粕是湖羊的优质蛋白质饲料，可用于配制代乳料和羔羊的开食料。大豆饼粕是以大豆制成的油粕，各种必需氨基酸的含量较高且组成比例非常好，但缺乏蛋氨酸，配制饲料需另外添加，才能满足湖羊营养需要，在日粮中用量不宜超过20%。

菜籽饼粕：菜籽饼粕是我国最有潜力的蛋白质饲料资源之一。菜籽饼粕的原料是油菜籽，油菜籽实含粗蛋白质20%以上，榨油后饼粕含粗蛋白质达30%

以上，略低于大豆饼粕，矿物质和维生素比豆饼丰富，也是一种较好的蛋白质饲料。菜籽饼粕虽然粗蛋白含量比较高，但适口性较差，特别是它含有单宁、芥子苷、皂角苷等有害物质，有苦涩味，影响蛋白质的利用效果，大量使用甚至会使动物中毒，因此在日粮中要限量使用，最好不要饲喂羔羊和妊娠母羊。

花生饼粕：花生饼粕是花生榨取了花生油后所得的副产品，营养价值高，适口性极好，蛋白质含量很高，可达 45% 以上，其生物学价值较高，缺点是很容易感染黄曲霉菌，黄曲霉毒素对羊只有很大的危害，特别是对羔羊、怀孕母羊毒害作用更大，应特别注意饼粕的用量和质量。花生饼粕应随时加工随时使用，不要储存时间过长。花生饼粕在湖羊瘤胃降解速度很快，进食后几小时可有 80% 以上被瘤胃降解，因此不能把花生饼粕作为湖羊唯一的蛋白质饲料原料。

棉籽饼粕：棉籽粕主要是以棉籽为原料，使用预榨浸出或者直接浸出法去油后所得产品。棉籽粕粗蛋白含量在 40% 左右，粗纤维含量在 15% 左右，粗灰分含量低于 9%，浸提处理后棉籽粕含粗脂肪低，在 2.5% 以下。棉籽饼粕适口性比较差，维生素和钙含量也比较低，更应注意的是，棉籽饼中含有一种叫做棉酚的毒素，它对母羊危害很大，因此在母羊上要限量使用。

近些年来，随着豆粕价格不断攀升，棉籽粕作为一种较好的蛋白质资源受到广泛关注。但是，因棉籽粕中含有游离棉酚等毒素，还含棉籽壳、棉绒等粗纤维，使用不当会引发动物健康问题。因此，棉籽粕的高效脱毒技术与高效饲用技术是要关注的重点问题。棉酚是棉籽粕中最主要的抗营养因子，是限制棉籽粕广泛应用的主要原因，棉酚的脱除可有效提高棉籽粕的营养价值，目前棉籽粕脱酚的方法主要有物理法、化学法和微生物发酵法。

3. 单细胞蛋白饲料

单细胞蛋白饲料主要是指通过发酵方法生产的酵母菌、细菌、霉菌及藻类细胞生物体等。单细胞蛋白饲料营养丰富、蛋白质含量较高，且含有 18 ~ 20 种氨基酸，组分非常齐全，且富含多种维生素。单细胞蛋白饲料的生产具有繁育速度快、生产效率高、占地面积小和不受气候影响等优点。因此，在当今世界蛋白质资源严重不足的情况下，发展单细胞蛋白饲料的生产越来越受到养殖企业的重视。

4. 非蛋白氮饲料

在饲料加工领域，非蛋白氮指饲料中蛋白质以外的含氮化合物的总称，又称非蛋白态氮，包括游离氨基酸、酰胺类、蛋白质降解的含氮化合物、氨，以及铵盐等简单含氮化合物。例如，饲料用尿素、尿素硝基腐殖酸缩合物、亚异丁基二脲、氯化铵、磷酸脲、缩二脲、磷酸一胺和硬脂酸脲等。

第二节
粗饲料常用加工方法

粗饲料资源如秸秆、牧草和笋壳等，由于适口性差、可消化性低、营养价值不高，直接单独饲喂湖羊，难以达到应有的饲喂效果。为了获得较好的饲喂效果，生产中常对这些粗饲料进行适当的加工调制和处理。

一、青干草的加工方法

1. 地面晒干法

把刈割的青草放在地面上利用太阳热自然晒干，用此法晒成的干草，营养损失为 20% ~ 50%，此方法比较适合于北方，南方天气雨水多、不易晒干。

2. 草架晒干法

草架晒干法有两种：一种是把刈割的青草直接放在草架上晒干；另一种方法是把刈割青草先放地面晒 1 天左右，再放置草架上晒干，此法晒成的干草营养损失为 20% ~ 30%。

3. 室内烘干法

室内烘干法主要有冷风烘干法和热风烘干法。

冷风烘干法是把准备烘干的草堆放室内，草堆内部及其周围留有通风孔，由室外送入常温干燥空气，使草的含水量降到 15% 以下即可。此法烘成的干草，营养损失为 20% ~ 25%。

热风烘干法是把准备烘干的草堆放室内，用燃油、煤等能源加热空气，然后用鼓风机送入干燥空气，排出潮湿的空气，送入干燥空气温度越高，烘干就越快。一般在 60℃时，2 ~ 3 天内烘干，在 90℃时 1 天内就可烘干。此法烘成的干草，营养损失为 10% ~ 20%，其特点是营养损失比较少，但是烘干的成本也较高。

二、农作物秸秆加工方法

农作物秸秆的主要成分是木质素，湖羊的消化率偏低。常见用于畜牧养殖业的农作物秸秆原料主要有玉米秆、豆秆、稻秆、甘蔗梢、高粱秆和花生藤等，这些秸秆的纤维素和木质素含量比较高，营养价值偏低，不利于湖羊的消化吸收，只有将它们进行科学合理处理，才能充分降解秸秆中的纤维和木质素，提高其营养价值，增加蛋白质和微生物含量，帮助湖羊消化吸收。常用的加工方法有物理法、化学法和微生物法。目前主要实施技术有青贮法、氨化法、微生物处理法等。

1. 秸秆物理处理法

物理处理法主要是利用人工、机械、热和压力等方法，改变秸秆的物理形状，使其软化，提高利用率。

（1）切碎、粉碎

切碎是加工调制秸秆最简便而又重要的方法，是进行其他加工的前处理阶段。秸秆切短后，可减少动物咀嚼秸秆时能量的消耗；又可减少 20% ~ 30% 的饲料浪费，还可以使动物的采食量提高 20% ~ 30%，从而使动物摄入的能量增加，提高增重，但秸秆也不宜切得太碎，切短的长度，生产上一般以 2 ~ 3cm 为佳。

粉碎可以使秸秆在横向和纵向都遭到破坏，瘤胃液与秸秆内营养底物的作用面积扩大，从而增加动物的采食量，提高秸秆的消化率。对湖羊来说，粉碎细度以 7mm 左右为宜。如果秸秆粉碎过细，则咀嚼不全，唾液不能充分混匀，秸秆粉在胃内形成食团，湖羊易引起反刍停滞，同时加快秸秆通过瘤胃的速度，导致秸秆发酵不全，反而降低了秸秆的消化率。

（2）浸泡、蒸煮

将秸秆切成 2 ～ 3cm 长的小段，放在一定量的水中进行浸泡处理，使其质地变软，提高动物的适口性，增加采食量。一般先将秸秆切碎后，再加水浸泡。浸饱后可直接饲喂，也可拌上精料饲喂。如用淡盐水浸泡，湖羊更爱采食。将秸秆放在 90℃的开水中蒸煮 1h，这样可降低纤维素的结晶度，软化秸秆，增加适口性，提高消化率，也有些是用熟草喂羊，其方法是将切碎的秸秆加入少量的豆饼和食盐煮 30min，晾凉后取出喂羊。

（3）碾青晒干

将秸秆铺于打谷场上，厚度为 30 ～ 40cm，秸秆上面铺有同样厚的青料，青料上再铺一层同样厚的秸秆，然后用石磙碾压。被压扁的青料流出的汁液被秸秆吸收，压扁的青料在夏天经 12 ～ 24h 的暴晒就可干透。碾青后的秸秆可以较快地制成干草，减少营养素的损失。茎叶干燥速度一致，减少叶片脱落损失，还可提高秸秆的适口性与营养价值。

（4）热喷处理

热喷处理是将秸秆进行膨化处理，方法是将切碎的秸秆装入热喷机内，向机器压力容器内导入 140 ～ 250℃饱和蒸汽，经过一段时间的热、压处理后，骤然降压，秸秆由压力容器中喷出，使其结构和化学成分发生变化。膨化后的秸秆适口性好，饲喂湖羊容易消化，湖羊的采食量也会增加。

2. 秸秆氨化处理法

氨化是国内外养殖业推广的一种畜牧实用新技术，其方法是在秸秆中加入一定量的氨水、尿素等溶液进行处理，以提高其消化率和营养价值，称为秸秆氨化或氨化。秸秆经氨化处理后，连接纤维素、半纤维素和木质素的酯键被打开，有机物质被大量释放出来，消化率可提高 20% ～ 30%，粗蛋白含量也可以由 3% 左右提高到 8% 以上，提高了适口性和利用率，采食量也增加了 20% 以上，同时氨化后还可以防止秸秆的霉变。

氨化处理秸秆成本比较低，方法简便、易推广，特别是用尿素作氮源成本较低，它可以在常温、常压下运输，氨化时不需要复杂的特殊设备，对人畜基本上无害，对封闭条件的要求也不像液氨那样严格，且用量适当，一般为秸秆的 4%～5%，很适合广大农村推广应用。

（1）氨化前的准备

各种农作物秸秆一般都可氨化。用于氨化的秸秆最好新鲜、无污染。氨化要尽量选择晴朗天气进行，氨化前先准备好铡草机和配套动力及水桶、喷壶等用具。

（2）氨化方法

氨化方法有堆垛法、窖池法和塑料袋贮法。

堆垛法是指在平地上，将秸秆堆成长方形垛，用塑料薄膜全部覆盖，注入氨进行氨化的方法。其优点是不需建造基本设施，投资较少，适于大量制作、堆放，取用方便；缺点是塑料薄膜容易破损，使氨气逸出，影响氨化效果。具体操作方法是在地势高燥、平整，距圈舍较近的地方进行堆垛，周围用围栏保护。首先在平地上铺好塑料薄膜，将切碎并调整好水分的秸秆一层层摊平、踩实，每 30～40cm 厚、宽，放一木杠，待插入注氨钢管时拔出。麦秸和稻草是比较柔软的秸秆，可以切碎，也可整秸堆垛；而玉米秸秆比较高大、粗硬，体积也比较大，不容易压实，应切成 2～3cm 的碎秸进行堆垛氨化。堆垛法适宜用液氨作为氮源，可按原料重的 12% 注入 20% 的氨水，或按原料重的 3% 注入无水氨。

窖池法是指在避风、向阳、干燥处，挖一个深 1.5～2.0m、宽 2.0～4.0m，长度不定的长方形土坑，在坑底及四周铺上塑料薄膜或用砖、石和水泥抹面使之光滑，然后将秸秆和氨压入坑内的一种方法。将新鲜秸秆切碎分层压入坑内，每层厚度为 15cm（用 5%～10% 的尿素溶液喷洒，其用量为每 100kg 秸秆，需 5%～10% 的尿素溶液 40kg），逐层压入、喷洒和踩实，装满并高出地面约 0.5m 时，在上面及四周用塑料薄膜封严，再用土压实，防止漏气。

塑料袋贮法即利用塑料袋氨化秸秆，灵活方便，适合广大农村分散饲养户使用。塑料袋应选用有一定厚度且无毒的聚乙烯薄膜，薄膜要求韧性好，能抗老化。此法的缺点是氨化数量少，塑料袋成本高。具体操作方法是将相当于秸秆重 4% ～ 5% 的尿素或 8% ～ 12% 的碳酸铵，溶在相当于秸秆重量 40% ～ 50% 的水中，充分溶解后与秸秆搅拌均匀装入袋内，袋口用绳子扎紧，放在背风向阳、距地面 1m 以上的棚架或地势高燥处，以防鼠咬破袋而饲料变质。

（3）氨化技术要点

场地选择：要求氨化的场地地势较高、向阳和干燥，远离圈舍一定的距离，不受人畜侵害的背风地方。

季节、天气的选择：应以 4 ～ 6 月、8 ～ 10 月为好，选择晴朗、高温的天气，在上午高温时段氨化处理效果最好。

垛堆装窖：堆贮法或窖贮法均先将塑料铺底，堆装秸秆并计量，留上风头一面待注氨，其余周边用土压严压实。

注氨：将氨水运至现场，计算好注氨量，按秸秆重量的 10% 左右计算，并准备好注入工具，穿戴好防护用具，站在上风头将注氨管深入秸秆中部，打开开关，按规定量注完后即关好开关，立刻密封好。土窖注氨量以 15% 为宜，如用尿素代替氨水，每 100kg 秸秆加尿素 1 ～ 4kg，加水 15 ～ 30kg。尿素在水中加热加速溶解后，应该趁热均匀地喷洒在秸秆上，喷完后立即包严压实，封闭氨化。

密闭氨化：用土压实，封严周边，防止漏气。氨化时间依季节温度而异，在日间气温 20℃ 以上时氨化 7 天左右，15℃ 时氨化 10 天左右，5 ～ 10℃ 时氨化 15 天以上，0℃ 时氨化 28 天以上，0℃ 以下时要氨化达 1 个月以上。

开堆放氨：根据气温确定氨化天数，并可参看塑料布内秸秆变成深棕色后，即可开堆放氨。开堆放氨宜选择有风吹日晒的天气，将氨味全部放掉，放出氨后呈糊香味为好。为了能充分放氨，应经常翻动秸秆或放完一层取走一层，一般 3 ～ 5 天即可把氨放净。

饲喂贮存：使用时应从一侧分层取出、晾晒，氨味放净后呈清香味时即可饲喂。要特别注意饲喂前必须将氨味完全放掉，切不可将带有氨味的秸秆拿来喂羊。饲喂时应由少到多逐渐过渡，以防引起消化道疾病。饲喂方式最好采取拌料饲喂，也可单喂或与其他饲草混合饲喂，开始饲喂时可少给勤添，最好做到随处理随喂。

（4）影响氨化质量的因素

秸秆氨化质量的优劣，主要取决于氨的用量、秸秆含水率、环境温度和时间，以及秸秆原有的品质等综合因素。

氨的用量：氨化秸秆中氨的用量从秸秆干物质重量的 1.0% 提高到 2.5%，秸秆的体外消化率可以显著提高；氨的用量从 2.5% 提高到 4.0%，改进秸秆消化率的幅度比较小；超过 4.0% 时，其消化率稍有提高。因此氨的经济用量以秸秆干物质重量的 2.5% ~ 3.5% 为宜。

秸秆含水率：研究表明，秸秆含水率从 12% 提高到 50%，无论氨化温度如何，均能提高秸秆的消化率。

温度和时间：当环境温度小于 5℃时，秸秆氨化处理时间应大于 8 周；当环境温度为 5 ~ 15℃、15 ~ 30℃、大于 30℃时，处理时时间分别为 4 ~ 8 周、1 ~ 4 周、小于 1 周。

（5）秸秆品质

秸秆氨化后，通常其营养价值提高的幅度与秸秆原有营养价值的高低呈负相关。即品质差的秸秆，营养价值提高的幅度大，而品质好的提高的幅度小。因此在生产上消化率为 65% ~ 70% 的粗饲料不必氨化，直接饲喂即可。氨化秸秆品质的评定，主要采用感官评定和化学分析方法。

感官评定：氨化后的秸秆质地变软，颜色呈棕黄色或浅褐色，释放余氨后有糊香气味。如果颜色变白、变灰或结块等，说明秸秆已经霉变，不能使用。如果氨化后的秸秆与氨化前基本一样，说明没有氨化好。这种评定方法直观、简便和易操作，是生产上常用的评定方法。

化学分析：通过实验分析，测定秸秆氨化前后营养成分的变化，来判断品质的优劣。据测定，小麦秸、稻草和玉米秸氨化后粗蛋白含量分别提高 2.47、1.30 和 1.36 倍。

3. 秸秆碱化处理

秸秆碱化处理目前研究最多，成本较为低廉且简便易行，是生产上较为实用的秸秆加工方法之一。原理是碱溶解一部分半纤维素，使粗纤维膨胀，破开细胞层之间的联结，从而为瘤胃微生物接近和分解纤维创造条件。秸秆用碱性化学物质如氢氧化钠等进行处理，以提高其粗纤维的消化率和适口性，经氢氧化钠处理的秸秆，不但消化率提高15%～30%，且柔软、适口性好，湖羊采食后可形成适宜瘤胃微生物活动的微碱性环境，提高秸秆的利用率。碱化处理秸秆方法较繁杂，氢氧化钠的腐蚀性较强，常用的碱化剂主要有熟石灰、氢氧化钾和氢氧化钠等。

4. 秸秆微贮

秸秆微贮是秸秆里添加微生物菌种，在密闭条件下进行发酵，从而提高秸秆的营养品质和适口性的一种秸秆处理技术。

（1）微贮饲料制作方法

秸秆的选择：秸秆应以当年采收的为主，上年的如果未发霉也可适当利用，秸秆必须是湖羊能吃的无毒秸秆。

秸秆粉碎：秸秆收割后必须晒干贮藏，无霉变腐烂。微贮发酵前，所有的原料必须经过粉碎。

发酵菌剂的用量：一般来说，250g发酵菌剂大约可以发酵1000kg的秸秆。在生产上发酵菌剂投放量并不完全按照秸秆的比例缩减，而是应该要增加1～2倍，比如要发酵100kg的秸秆饲料，发酵菌剂的投放量不是25g，而应为50g以上，有条件的还可以加入0.5～0.8kg食盐和1kg生石灰（溶解在5kg水中洒在秸秆粉上，混合好的秸秆粉以用手捏时不滴水为宜）。

堆贮：发酵菌剂的生长繁殖受气温、空气湿度等外部条件的影响较大，比如气温低于15℃时菌剂即处于休眠的状态，因此发酵地点最好设在温度稍高的地方或者室内，尤其是寒冷的冬天应更加注意。堆贮时应选择平整的水泥地面或砖石地面，先在地面上铺一层薄膜，再将混合好的原料放在薄膜上堆成圆锥状或馒头状，为防止水分蒸发和热量散失，可在原料堆表面覆盖塑料薄膜和干净的麻袋，用砖头将原料堆的边缘薄膜压实压紧。在微贮料中间温度达到30～35℃并发出醇香味时进行内外翻堆后继续发酵，在时间上夏季2～4天、冬季3～7天即可。

发酵好的合格的微贮饲料，具有弱酸味和醇香味，手感柔软、松散。如看到少量红、黄、绿或黑等颜色，手感发黏或结块，为污染霉变的饲料，必须及时去除。微贮饲料发酵好后，将覆盖物揭开，摊开散热，冷却后即可饲喂。

保存：发酵好的饲料可晾干装袋保存，也可以制作成商品饲料出售，使用时可提前 1 天适当加湿，第二天饲喂时仍有醇香味和良好的适口性。

（2）微贮秸秆品质鉴定

微贮饲料经过 30 天左右发酵，即可取出饲喂湖羊，饲喂之前要进行质量评定。优质的微贮青绿秸秆呈橄榄绿色，黄干秸秆呈黄色，具有酸香或果香味，结构比较松散，质地较为柔软湿润；质量不佳的微贮秸秆呈黑绿色或褐色，有强酸味，显得干燥，劣质的微贮秸秆具有霉臭味，质地发黏，不能饲喂湖羊。

第三节
农作物秸秆营养特性及利用技术

农作物秸秆是指玉米、水稻、小麦、棉花和甘蔗等农作物收获之后的剩余部分，是成熟农作物茎叶部分的总称，主要成分有纤维素、半纤维素和木质素，富含氮、磷、钾、钙、镁等矿物元素和有机质等。我国是农业大国，具有丰富的秸秆资源，约占世界秸秆总产量的 30%，但大部分农作物的秸秆利用率较低，多数作为能源焚烧或随意丢弃和掩埋，造成资源大量浪费，甚至对环境造成很大污染，影响了农业的可持续发展和农村居住环境的美化。秸秆普遍存在质地比较粗硬、适口性差、采食量低、消化率低和营养价值不高等缺点，需要通过物理、化学和生物等技术对其进行加工后才适合饲喂畜禽，提高利用率。

一、玉米秸秆

玉米秸秆是供作饲料为主的粮、经、饲兼用作物，含有丰富的营养和可利用的化学成分，可用作畜牧业饲料的原料。玉米秸秆是工农业生产的重要生产资源，也是草食动物的主要粗饲料原料之一。

玉米秸秆可作为反刍动物的粗饲料，其含有 30% 以上的碳水化合物，但其粗蛋白质含量低，大约为9%，纤维素含量高，直接饲喂适口性差、消化利用率低。为提高玉米秸秆的消化率，一般玉米秸秆经青贮、黄贮、氨化及糖化等处理后，增加其有机酸、蛋白质含量，降低纤维素、半纤维素和木质素的含量，提高利用率，使其更利于牛羊等草食动物的消化吸收，养殖效益更可观。对玉米秸秆进行精细加工处理，制作成适口性好且高营养草食动物的饲料，不仅有利于发展草食畜牧养殖业，而且通过秸秆过腹还田，更具有良好的生态效益和经济效益。

随着我国畜牧业的快速发展，秸秆饲料加工新技术也层出不穷。玉米秸秆除了作为粗饲料直接饲喂外，有物理、化学和生物等方面的多种加工技术在实际中得以推广应用，实现了集中规模化加工，开拓了饲料利用的新途径。青贮玉米秸秆是将蜡熟期玉米通过青贮收获机械一次性完成秸秆切碎、收集或人工收获后，将青玉米秸秆铡碎至2cm左右，使其含水量为60%～75%，装贮于窖、塔、池及塑料袋中压实造就一个厌氧的环境进行密封储藏，利用自身乳酸菌厌氧发酵，产生乳酸，使大部分微生物停止繁殖，而乳酸菌由于乳酸的不断积累，最后被自身产生的乳酸所控制而停止生长，以保持青秸秆的营养，并使得青贮饲料带有轻微的酸香味，草食动物比较爱吃。

二、小麦秸秆

小麦秸秆是小麦成熟脱粒后剩余的茎叶部分，作物秸秆可以直接用作湖羊的饲料，虽然适口性较差，采食量少，但是经过氨化处理后，粗蛋白可以由3%～4%提高到8%左右，有机物的消化率提高10～20个百分点，并含有多种氨基酸，可以代替30%～40%的精饲料，因此氨化秸秆喂湖羊的效果很好。秸秆也可以粉碎成草糠，作辅助饲料。

小麦秸秆中含有丰富的中性洗涤纤维、酸性洗涤纤维、粗纤维，粗蛋白质和粗脂肪含量较低，并含有少量的钙和磷。小麦收获后即可收集秸秆制作青贮饲料，含水量高达70%左右，改善了小麦秸秆适口性不佳的缺点，提高了秸秆的利用率。因此，在日粮中使用小麦秸秆替代玉米可以减少畜牧业对玉米的依赖，从而降低饲料成本。有研究表明，湖羊加喂发酵过的含有中草药的小麦秸秆，养殖收益对比明显。

三、豆类秸秆

　　豆类秸秆指大豆收获后，剩余的植株部分，以往在我国广大地区，多数被晒干做燃料用，其实大豆秸秆里蛋白质含量为 10% ~ 12%，质量较好，经研发生产后，可增加适口性、提高消化率、提高营养价值，因此大豆秸秆如能够合理加工利用可以大大节约精饲料，饲喂草食动物或作为配制全价饲料的基础日粮，对草食家畜的饲养和增重、提高饲料报酬和经济效益都具有良好的作用。

　　大豆秸秆饲料来源广、数量大，大豆秸秆含有纤维素，半纤维素及戊聚糖，借助了瘤胃微生物的发酵作用，可被牛羊等草食动物消化利用。大豆秸秆蛋白质质量较好，含量为 10% ~ 12%。大豆秸秆作饲料有以下好处：一是可直接节省大量的精饲料，50kg 秸秆大约可顶替 3kg 的粮食；二是牛羊秸秆饲料过腹还田增加了土壤的肥力；三是大豆秸秆饲料可减少生物能的损失，防止焚烧造成环境污染和蛋白质资源的损失；四是秸秆饲料解决了圈养饲料资源，提高了草食动物的存栏率；五是秸秆饲料真正达到了对大豆"吃干榨净"的目的。

　　常见豆类的叶和茎也是常用饲料，如大豆、绿豆和黑豆等。豌豆藤是一种很有价值的青贮饲料，豌豆秸秆和手工收获的大豆秸秆比谷物秸秆具有更高的饲养价值，但回收起来相对困难。大豆秸秆可以青贮或干燥制成干草，其叶子适口性好，具有很高的营养价值和良好的消化率。采用青贮蚕豆秸秆饲料饲喂湖羊，可显著提高湖羊的采食量和进食速度。

　　据统计，我国东北三省年产大豆秸秆近 375 万 t，占全国大豆秸秆总量的 60%。目前大豆秸秆利用率不到 3%，大量的大豆秸秆都被当作燃料焚烧，造成宝贵资源的极大浪费和对环境的极大污染。联合国粮农组织 20 世纪 90 年代的统计资料表明：美国约有 27%，澳大利亚约有 18%，新西兰约有 21% 的肉类是由大豆秸秆为主的秸秆饲料转化而来的。由此可见，我国的大豆秸秆资源还是大有利用潜能的。因此，研究效果好、成本低、适合国情的大豆秸秆处理方法，致力于改善大豆秸秆适口性，提高消化率，增加营养价值，提高酶解能力，充分利用这一资源，发展节粮型畜牧业，是农业产业化的重要内容与发展方向。

四、花生秸秆

花生秸秆又称花生秧、花生藤。花生是重要五大油料作物之一，也是我国重要的经济作物之一。花生秸秆中营养物质丰富，据分析测定，匍匐生长的花生秸秆茎叶中含有 12.9% 粗蛋白质、2% 粗脂肪、46.8% 碳水化合物，其中花生叶的粗蛋白质含量高达 20%。花生秸秆中的粗蛋白质含量是豌豆秧的 1.6 倍、稻草的 6 倍。畜禽采食 1kg 花生秸秆产生的能量相当于 0.6kg 大麦所产生的能量。花生秸秆不仅营养丰富，而且价格低廉、质地松软，畜禽都可以食用。

花生为豆科草本植物，南方春、秋两熟花生区为中国第二大花生主产区，面积约占全国的 30%，主要种植珍珠豆型花生品种。花生茎叶比为 1：0.9，枝条较直，地上部含水率 68% 左右，适合于制作干草。花生干草养分含量高，草质好，是一个非常有潜力的豆科牧草品种。研究利用花生茎叶作为草食动物饲草，是一条新的饲料来源的可行途径。花生秸秆的蛋白质、粗脂肪、糖分、纤维、木质素等含量是反映草料品质的重要指标，但花生品种的秸秆品质差异较大，秸秆蛋白质含量 8.38% ~ 10.7%，平均为 9.57%。

花生秸秆是一种非常规性饲料资源，经研发生产后，可增加适口性、提高消化率、提高营养价值，饲喂草食动物或作为配制全价饲料的基础日粮，对草食家畜的饲养和增重、提高饲料报酬和经济效益有良好的作用。花生秸秆不仅能为草食家畜提供营养物质，还能降低成本，提高饲养效率，同时解决了部分环境污染问题，减少焚烧废弃量和秸秆直接燃烧用量。

图 4-1　玉米秸秆

图 4-2　花生秸秆

第四节
工业副产物营养特性及利用技术

我国是一个工业副产物资源十分丰富的国家，合理开发这些可利用的饲料资源，对于缓解我国饲料资源短缺具有意义重大。

一、豆渣

大豆原产于中国，属第四大粮食作物，占粮食种植面积的 10% 左右。大豆除直接食用外，豆制品工业主要包括制取大豆油及制作豆腐等各种豆制品。大豆加工过程中会产生大量副产物，如大豆预处理时会产生大量豆皮，大豆制油会产生大量豆粕，生产豆腐、豆浆和腐竹等豆制品时会产生大量豆渣，豆渣具有蛋白质、脂肪、钙、磷、铁等多种营养物质。中国是豆腐生产的发源地，具有悠久的生产历史，生产、销售量都较大，豆渣产量也很大。

1. 豆渣的营养特性

（1）豆渣的蛋白质及氨基酸

豆渣中粗蛋白含量为 15.2% ~ 33.4%，主要为球蛋白，具有较高的营养价值，但是大豆中的抗营养因素如胰蛋白酶抑制剂和植酸限制了豆渣的生物利用率。微生物发酵可以有效降解这些抗营养因素，提升蛋白质和氨基酸的利用率。发酵过程中，微生物产生的蛋白酶会将蛋白质分解为氨基酸和小肽，增强蛋白质的可溶性和生物利用率，同时释放更多营养成分，如氨基酸、多肽、短链脂肪酸等，对动物生长发育和免疫功能有益。发酵豆渣中的抗营养因素如黄酮、皂素和植酸等会在蛋白质水解过程中分解或失活，进一步提升饲料的营养利用率。

（2）豆渣的粗脂肪

豆渣是大豆加工的副产品，含有大量的粗脂肪，含量为 8.3% ~ 10.9%，主要来源于大豆种子的胚乳和胚轴。豆渣粗脂肪主要由单不饱和脂肪酸和多不饱和脂肪酸组成，包括亚油酸、油酸、棕榈酸、亚麻酸等，对动物的生长发育具有积极作用。发酵豆渣可提升其粗脂肪的营养价值，降低豆渣中的反式脂肪酸含量。微生物发酵（酵母和细菌酶）能够产生芳香族化合物，增加发酵豆渣的风味和适口性，为其在动物饲料生产中的应用提供了广阔的应用前景。

（3）豆渣的矿物质

豆渣中含有丰富的矿物质，其中包含3.4% ~ 5.3%的粗灰分，其次是钙、磷、钾、镁、硫等宏量元素及铁、锌、铜、锰、硒等微量元素。这些矿物质对动物生长发育、骨骼形成、神经功能、免疫调节等均具有重要作用。但豆渣中存在的植酸会与这些矿物质形成不可溶性的盐类，降低豆渣的生物利用度；通过微生物发酵可以有效降解植酸，从而释放出更多的矿物质，提高豆渣的生物利用度。发酵过程中，微生物代谢活动会产生新的矿物质，如酵母菌可以产生生物利用率较高的有机硒和铬，这些矿物质也为动物提供了额外的营养。发酵豆渣中的矿物质也对微生物的生长具有促进作用，如硫可以提供硫源，促进硫代谢菌的生长，从而提高发酵效率。

（4）豆渣的抗营养因子

除营养成分外，豆渣还含有较多抗营养因子，包括胰蛋白酶抑制剂、凝集素、抗原蛋白和其他抗营养因子等。胰蛋白酶抑制剂作为豆渣中主要抗营养因子，可与动物小肠糜蛋白酶和胰蛋白酶结合，抑制肠道中对蛋白的消化吸收能力，造成大量营养物质浪费。动物采食豆渣后，其凝集素通过与肠黏膜上皮细胞上的糖蛋白受体结合，干扰营养物质吸收利用，抑制动物生长。研究发现，使用乳酸菌和枯草芽孢杆菌混菌发酵豆渣，可显著降低豆渣胰蛋白酶抑制剂活性，使其失活或变性。

2. 豆渣的资源化利用

豆渣的传统用途是加工饲料，但豆渣经发酵后，可改善其营养组分，增强适口性，提高营养物质利用率。豆渣中粗蛋白、粗脂肪、氨基酸和维生素含量丰富，因含多种抗营养因子，直接用于饲喂会导致反刍动物发生腹泻、中毒等问题，影响反刍动物的生产性能。豆渣经过发酵后具有多种优势。首先，微生物可分解豆渣中有机物质，使其中蛋白质、氨基酸、维生素和矿物质等营养成分更易被动物消化吸收，提高豆渣营养价值；其次，发酵能够降低豆渣中的抗营养因子含量，如胰蛋白酶抑制剂、植酸等，提高动物对饲料营养成分消化和吸收能力；第三，发酵能够改善豆渣的口感和风味，提高饲料利用率，降低饲料成本。

（1）豆渣的直接利用

新鲜豆渣富含蛋白质、粗脂肪以及钙、钾和维生素等丰富的营养成分，将新鲜豆渣直接添加到动物日粮中对动物生产性能有一定的促进作用，还能够降低动物的饲养成本，因此可直接应用于动物日粮中，作为生产动物饲料的优良原料。但是鲜豆渣不仅适口性差，其含有的胰蛋白酶抑制剂等抗营养因子，会阻碍动物的消化吸收，引起腹泻，甚至影响其生长，且存在难贮存和运输、易腐败变质、不利于动物对营养物质的消化吸收等问题。由此可见鲜豆渣不适合直接作为动物饲料，通过微生物发酵和菌酶协同处理新鲜豆渣，能够大幅度提高动物对豆渣营养成分的利用率，从而提高生长性能。

（2）豆渣的微生物发酵处理

微生物发酵豆渣是改善豆渣品质，并实现资源再利用的重要手段之一。豆渣经单种或多种微生物发酵后，能够增添豆渣的香气，提高适口性；能够改善饲料品质，提高豆渣饲料营养价值；可以降解豆渣饲料中抗营养因子，提高营养成分的利用率。豆渣经混菌发酵后能够将豆渣中的复杂大分子物质和抗营养因子降解为易吸收的小分子物质，提高可溶性蛋白和可溶性膳食纤维含量，改善豆渣适口性，可作为一种替代动物蛋白的优质植物蛋白饲料。

（3）发酵豆渣在羊生产中的应用

发酵豆渣具有丰富的营养价值和良好的消化吸收率，提高羊的生产性能和肉品质，广泛应用于羊生产中。同时，发酵豆渣中的微生物也可以调节羊的肠道菌群结构，提高羊的抵抗力，降低疾病的发生率。另外，发酵豆渣应用于羊生产中可减少腹泻症状的发生。研究发现，在湖羊基础日粮中添加20%发酵豆渣，与未添加发酵豆渣组相比，湖羊的平均日增重、干物质、酸性洗涤纤维表观消化率、胴体重、屠宰率和血清总蛋白含量分别显著提高8.81%、5.24%、4.76%、3.52%、2.56%和7.63%，血清尿素氮含量降低24.93%，表明肉羊饲料中添加发酵豆渣有利于改善肉质，能够降低羊的养殖成本。还可利用固态发酵豆渣生产反刍动物的饲料，将豆渣和麦麸按照 7∶3 的比例混合，接种 1∶1 的乳酸菌和枯草芽孢杆菌，接种量为 5%，在 35℃下发酵，得到适合反刍动物的低 pH 值耐储藏饲料。

二、啤酒糟

啤酒糟是啤酒工业的主要副产品，是利用大麦和小麦等作为原料，经发酵提取籽实中可溶性碳水化合物后的残渣，主要由麦芽壳、不溶性蛋白质、半纤维素、脂肪、氨基酸及微量元素等组成，是一种产量和营养价值较高的非常规饲料原料。由于啤酒糟富含蛋白质、粗纤维、矿物质和维生素等营养物质，因此通常用作低成本的动物饲料。据统计，每生产 1t 的啤酒大约可产生 0.25t 的啤酒糟，我国啤酒糟年产量已达 1000 多万 t，科学合理开发利用可以产生巨大的经济效益。

1. 啤酒糟的营养特性

啤酒糟主要由麦芽的皮壳、叶芽、不溶性蛋白质、半纤维素、灰分及少量未分解的淀粉和未洗出的可溶性浸出物组成，具有较高的营养价值。由于啤酒生产所采用原料的差别及发酵工艺的不同，使得啤酒糟的成分略有不同，因此在利用时要对其组成进行必要的分析。研究发现，啤酒糟中的蛋白质含量为26% ~ 30%，含 17 种氨基酸，其中蛋氨酸和赖氨酸含量分别达 3.23% 和 2.15%，非必需氨基酸中丝氨酸和丙氨酸含量分别为 4.09% 和 4.29%，过瘤胃蛋白和过瘤胃淀粉含量分别为 53.79% 和 58.54%。啤酒糟的芳香味可以诱导动物采食，同时因啤酒糟中不可降解纤维含量较低，增加饲料适口性，提高动物干物质采食量。啤酒糟作为湖羊的饲料原料，不仅可以作为蛋白质饲料原料，提供丰富的过瘤胃蛋白，还因具有适宜的中性洗涤纤维和酸性洗涤纤维，减少了食糜在消化道内停留的时间，加快了流通速率，从而提高了湖羊的干物质采食量。此外，啤酒糟含有阿拉伯木聚糖和 β–葡聚糖，能够促进双歧杆菌、肠球菌和乳酸菌等有益菌的活性，调节肠道微生物种群的平衡和活动。因此，啤酒糟可作为一种理想的传统饲料替代物。

2. 啤酒糟在饲料中的应用

（1）提高繁殖性能

啤酒糟直接作为饲料，其价值得不到充分利用，为此国内外研究者对啤酒糟进行深加工，提高啤酒糟中的各种营养成分和生物活性，生产高附加值饲料，使啤酒糟实现高值化利用。啤酒糟中富含的维生素 B 族及其醇香味道可增加饲料适口性，从而增加采食量。据研究，日粮中添加适量啤酒糟可对母畜繁殖性能产生有利影响。

（2）促进肠道微生物种群平衡

啤酒糟含有膳食纤维，膳食纤维的分解能够促进短链脂肪酸的生成，而短链脂肪酸能够为肠道厌氧菌提供能量，改善双歧杆菌、肠球菌和乳酸菌等有益菌的活性，从而促进肠道营养吸收、调控糖脂平衡和改善机体免疫功能。利用酶解啤酒糟，制备富含低聚木糖饲料添加剂，可改善动物肠道微生态环境、增强机体免疫力并提高饲料利用率，是一种新型的绿色饲料添加剂。

（3）作为饲料对动物生长发育的影响

研究发现，添加啤酒糟能够丰富饲料中的营养成分，提高奶牛的产奶量和牛乳成分，促进奶牛的生长发育，且不会对奶牛血液成分或其他物质摄入量产生负面影响。同时发现将湿啤酒糟作为泌乳奶牛的饲料，牛奶中的蛋白质和脂肪含量有显著增加。有学者向羔羊饲料中添加啤酒糟（35%），发现饲喂啤酒糟的羔羊增重量相比于对照组更高，且达到屠宰体重的速度明显加快，同时肉的质量明显改善，脂肪含量较低，亚油酸和不饱和脂肪酸含量增加。以上研究结果表明，啤酒糟作为动物的低成本饲料的同时，也促进了动物生长发育和肉质的健康。

值得注意的是，尽管添加啤酒糟作为动物饲料具有优势，但其应用范围仍然有限，这主要与原料的储存方式密切有关。这种高水分含量的啤酒糟在生产后的几天内就会发生变形和变质，在农场环境条件下容易受到微生物生长的影响。因此，如何储存是这一副产品得到更好应用的关键因素，目前通常的解决办法都是将湿啤酒糟通过干燥和青贮（单独或与其他干草料一起）保存。

3. 啤酒渣的资源化利用

（1）啤酒糟发酵饲料

鲜啤酒糟易酸败变质，产生大量有机酸、毒素等，不利于动物健康。在夏季，乳酸、甲酸、乙酸及苯甲酸使啤酒糟在塑料袋中保存3个月，并有效保存其营养价值，以苯甲酸和甲酸的效果较为突出。干燥啤酒糟成本较高，不同干燥工艺的啤酒糟蛋白质含量存在一定的差异。发酵是啤酒糟贮存的有效方法之一，能够有效保存啤酒糟营养成分，还能够利用厌氧环境促进乳酸菌生长，产生乳酸，创造酸性环境，从而抑制杂菌生长，防止霉烂，延长啤酒糟的保存时间。在发酵过程中，啤酒糟中的残留酒精挥发能够提高啤酒糟饲料的适口性。常见的啤酒糟发酵饲料类型包括微贮、混合发酵及固态发酵等。

在厌氧环境和不同微生物作用下，发酵产生乳酸和挥发性脂肪酸可抑制有害微生物生长，也可增加发酵底物或添加不同类型微生物作为发酵促进剂，进而改善贮存品质。啤酒糟可与干物质含量高的材料混合发酵，调节含水量；也可作为添加剂与不同牧草混合青贮，提高发酵品质和营养价值。啤酒糟可添加酵母菌进行固态发酵，也可多菌种混合发酵，生产蛋白质饲料、酶制剂或降解纤维素。

（2）啤酒渣在湖羊上的应用

常规饲料中玉米和蛋白类原料价格飙升，导致养殖成本居高不下，在肉羊养殖产业中，越来越多的养殖户开始使用啤酒糟渣类非常规饲料替代常规饲料，进而降低饲料成本。有研究表明，啤酒糟替代饲粮中的精料显著提高了湖羊的干物质采食量，但各组之间平均日增重差异不显著；啤酒糟替代饲粮中不同比例精料对湖羊干物质、有机物、粗蛋白、中性洗涤纤维和酸性洗涤纤维表观消化率均无显著影响；各组之间血清尿素氮含量和碱性磷酸酶、谷丙转氨酶、谷草转氨酶活性无显著差异，说明啤酒糟替代饲粮中不同比例精料对湖羊的氨基酸代谢无不良影响；当饲粮中啤酒糟的替代比例为12%时，饲粮中的蛋白质和氨基酸水平可有效地提升瘤胃微生物的活性，增加瘤胃微生物和小肠对营养物质的吸收，加大对氮的消化吸收，这时湖羊的进食氮和沉积氮最高，使氮沉积率提升。

因此，啤酒糟作为精料补充料能促进湖羊的采食，且对生长和健康无负面影响。利用啤酒糟替代饲粮中 1/3 的精料饲喂湖羊的综合效果最优，当替代比例进一步增加时，容易造成能量供应不足的问题。

图 4-3　饲用豆渣

图 4-4　啤酒糟

三、茶渣

　　中国是世界上主要的茶叶生产国、出口国和消费大国，每年会产生大量的茶叶加工副产物，茶渣就是其中之一。茶渣是指茶叶在生产加工，以及深加工、销售、饮用过程中产生的固体有机废弃物等。大多数茶渣被视为废弃物，被焚烧或倾倒在垃圾填埋场，这不仅对环境造成危害，而且是资源的浪费。据报道，茶渣含有许多残留的生物活性物质，如酚类、多糖、有机酸、生物碱和精油，这些物质已被证明具有抗氧化和抗菌作用，因此可以用作动物生产中的非常规饲料资源。畜禽养殖业的大规模发展需要大量的蛋白质饲料，但由于鱼粉和豆粕价格较高，蛋白质饲料成本逐渐上升，对养殖业成本大幅提高，茶渣因其含有较高的营养价值和生物活性物质，已被作为一种新型的饲料资源应用于动物生产。

1. 茶渣的营养特性

　　茶叶经深加工后所剩茶渣仍含有很多营养成分。茶渣含有蛋白质、灰分、粗纤维、茶多酚、粗脂肪、钾、钙、磷、镁、铁和碘等矿物质，其中以锌含量较高，尤其是在绿茶中，此外还含有糖类、纤维素和脂类等营养功能性成分。经测定，茶渣中含有 17%～19% 的粗蛋白，16%～18% 的粗纤维，而组成蛋白质的氨基酸中含量较多的是天门冬氨酸、谷氨酸、赖氨酸和精氨酸等，其中赖氨酸和蛋氨酸的比例分别占 1.5%～2% 和 0.2%～0.5%。除常规营养成分外，茶多酚、茶皂素、茶多糖等生物活性物质及其他养分仍大量残留于茶渣中，具有很高的利用价值。因此茶渣作为一种营养价值高、有利于提高动物生产性能的饲料，越来越受到重视并逐渐应用到畜禽生产中，但是目前茶叶及其副产物种类繁多，其加工处理方式、饲养方式及添加量也各不相同，因此在动物上的应用效果也大相径庭。

图 4-5　饲用茶渣

2. 茶渣的饲料化利用技术

（1）直接添加

茶渣含有丰富的营养物质，直接在畜禽饲料中添加可以提高畜禽生产性能，调节抗氧化功能和免疫功能，改善畜禽产品品质，提高经济效益。茶渣中茶皂素等成分可能影响饲料的适口性，降低畜禽采食量，甚至有些茶叶中还含有咖啡因等成分，因此，茶渣在畜禽饲料中的添加量应根据茶叶种类来确定。生产上应特别注意，新鲜茶渣含水量高达 70% 以上，易产生霉变，不易保存，因此采取直接添加新鲜茶渣饲喂动物的方式不太可行，从而限制了其在畜牧生产中的广泛应用。

（2）发酵处理

茶渣作为一种潜在的蛋白质饲料原料，目前保存的方式主要有烘干和微生物发酵，而湿茶渣在烘干的过程中不仅会损失或破坏一些营养成分，而且还会增加保存的经济成本。经发酵不仅能延长保质期、改善适口性和降低抗营养因子水平，而且还能提高饲料的有效利用率。此外，发酵饲料中的有益菌能对饲料中的有机大分子进行分解，产生许多有利代谢物，从而促进动物对营养物质的吸收。发酵茶渣的饲料成本相对于肉羊精料补充料的成本较低，这使得发酵茶渣代替一定比例的肉羊精料补充料具有现实意义。对茶渣进行固态发酵可显著提高茶渣粗蛋白质、粗灰分、钙、磷以及17种氨基酸的含量，显著降低茶单宁、中性洗涤纤维和酸性洗涤纤维的含量，从而提高茶渣的营养价值。

（3）提取活性成分作饲料添加剂

茶多酚是茶渣中主要的活性物质，也是一种天然的抗氧化剂，可以清除自由基，缓解氧化应激，具有调节脂类代谢和免疫功能的作用。茶渣中的茶皂素不仅对超氧阴离子自由基和羟基自由基具有明显的清除作用，而且对大肠杆菌、金黄色葡萄球菌存在抑制作用，具有很强的抑菌活性；茶皂素可以通过提高胰蛋白酶、淀粉酶和脂肪酶活性，改善畜禽消化功能。茶渣单宁可以降低饲粮蛋白质的瘤胃降解率，不会影响全消化道的消化率，并通过减少尿氮排出提高氮存留率。茶渣中的茶多糖具有抗炎和调节肠道菌群的作用，还能够抗氧化、调节脂质代谢。

3. 茶渣在畜禽养殖中的应用研究

（1）茶渣在湖羊养殖中的应用研究

在湖羊饲粮中添加茶叶及其副产物可以提高生产性能，改善抗氧化功能和提高免疫力，降低饲料成本。经研究测定，湖羊饲喂茶渣后，各试验组间生长性能无差异，瘤胃发酵参数中10%添加组的瘤胃液丙酸比例显著高于对照组，饲料成本和饲料增重成本均有所降低，其中20%添加组降幅最大，从经济效益考虑，建议茶渣替代肉羊精料补充料的适宜比例为20%。在绵羊饲喂黑茶和绿茶茶渣的对照试验中，二者均可降低 NH_3 和 CH_4 的含量，而不影响瘤胃降解率，并且添加茶渣能提高乙酸与丙酸的比率。在反刍动物中，瘤胃输出的 NH_3

和 CH_4 减少有利于蛋白质和能量利用效率提高,而乙酸与丙酸比率的增加可使乳脂合成增加,减少低脂乳综合征的出现。饲喂茶渣可优化反刍动物瘤胃功能,减少对环境的影响。

研究表明,发酵茶渣替代 5%、10%、20%（分别占饲粮 1.75%、3.5%、7.0%）的精料补充料对肉羊的生长性能无显著影响,与对照组相比,各试验组瘤胃液 NH_3–N 含量有降低趋势,但未达到显著水平；试验结果显示,发酵茶渣替代不同比例精料补充料对湖羊的干物质、有机物、粗蛋白、中性洗涤纤维和酸性洗涤纤维表观消化率无显著影响,结果表明发酵茶渣可以替代部分精料补充料。然而随着发酵茶渣替代比例的增加,粗脂肪表观消化率降低,原因可能是发酵茶渣中的茶多酚存在一定的剂量效应,并且能抑制脂肪酶活性和肠道对脂肪的吸收,导致粗脂肪表观消化率显著降低。该试验条件下,发酵茶渣替代 5%、10%、20% 的精料补充料对湖羊生长性能及大部分瘤胃发酵参数和营养物质表观消化率均无显著影响,但发酵茶渣替代 20% 的精料补充料时经济效益最高,因此,从经济效益考虑,发酵茶渣替代湖羊精料补充料的适宜比例为 20%。发酵茶渣可以代替一定比例的湖羊精料补充料,降低饲料成本,具有广阔的应用前景。

（2）茶渣在畜禽养殖中应用存在的问题

茶渣作为茶叶的副产品,含有丰富的营养物质和生物活性化合物,因其饲喂后可以提高动物的生长性能、免疫性能、屠宰性能和抗氧化能力等,已成为一种功能性替代饲料,在养殖生产中逐渐得到应用。但因添加量、纤维素含量和生产工艺等研究不足,导致茶渣的规模化应用还未真正形成,制约其作为饲料添加剂的应用,因此需进一步研究和开发,提高其作为饲料的利用价值,成为新的饲料原料。

茶渣虽然可作为功能性饲料添加剂,但其中含有的一些非营养因子,如皂苷、咖啡因等,导致味苦、适口性较差,限制了茶渣的广泛应用。另外,动物饲料中添加的茶渣量都非常低,甚至在反刍动物饲料中也是如此,而每年产生的茶渣量远大于使用的量,这并不利于茶渣的有效使用。因此,从业者应加大研究力度,解决茶渣在饲粮中添加比例低的问题,提高其利用率。

第五节
饲料卫生安全

饲料卫生安全是指饲料在转化为畜产品的过程中对动物的健康、正常生长、生态环境的可持续发展、人类生活等环节不产生负面的影响。不安全的饲料中含有毒有害物质，对畜产品有非常大的危害，它不仅影响到动物对营养物质的吸收和利用，甚至还威胁人类的身体健康。

一、饲料中的有毒有害物质

1. 饲料源性有毒有害物质

饲料源性有毒有害物质是指来源于动物性饲料、植物性饲料、矿物质饲料或饲料添加剂中的有害性物质，包括饲料原料本身存在的抗营养因子，以及饲料原料在生产、加工、贮存和运输等过程中发生理化变化产生的有毒有害物质。

（1）植物源性饲料中的有毒有害物质

饲用植物是湖羊的主要饲料来源，但在有些饲用植物中，存在一些对湖羊不仅无益甚至有毒有害的成分或物质，这些有毒化学成分或抗营养因子，种类繁多，并且具有多种毒性，特别是具有显著的神经系统毒性与细胞毒性，大致可以分为以下几类。

生物碱：这是一类特殊或强效的甘露糖酶抑制剂，能使羊产生甘露糖病。

苷类：饲料中可能出现有毒有害物质的苷类有氰苷和硫葡萄糖苷等。高粱、玉米的青茎叶、幼苗、再生苗和亚麻饼等饲料中含有氰苷，氰苷本身不表现毒性，但含有氰苷的植物被羊采食后，植物组织的结构遭到破坏，在有水分和适宜温度条件下，氰苷经过与共存酶作用，水解产生氢氰酸，而引起羊的中毒。

β–硫葡萄糖：在菜籽粕中的安全限量与菜籽品种、加工方法、饲喂动物的种类和生长阶段有关。

毒蛋白：饲用植物中，影响较大的毒蛋白有植物红细胞凝集素和蛋白酶抑制剂，大豆中的植物红细胞凝集素具有较大的毒性。

酚类衍生物：植物中酚类成分非常多，其中与饲料关系比较密切的有棉酚和单宁等。

有机酸：广泛存在于植物的各个部位，抗营养作用较强的有草酸和植酸等。

致光敏物质：油菜、苜蓿、三叶草、荞麦、紫云英等饲草中含有光敏性物质。羊采食光敏性植物后，致光敏物质被吸收入血液，在直接阳光下，引起组织胺释放，使血管壁破裂，皮肤出现皮疹，同时也会发生神经症状和消化器官的障碍。

（2）动物源性饲料中的有毒有害物质

动物性饲料中存在的有毒有害物质因原料种类、加工及贮藏条件不同而有很大的差异。对动物健康影响较大的主要有以下几种。

鱼粉：鱼粉由于所用原料、制造过程与干燥方法不同，其品质也不尽相同。鱼粉在高温多湿的状况下容易发霉，从而发生腐败变质。因此，鱼粉必须充分干燥，同时应当加强卫生监测，严格限制鱼粉中的霉菌和细菌含量。

肉骨粉：肉骨粉是以动物屠宰后不宜食用的下脚料以及肉品加工厂等的残余碎肉、内脏等为原料，经高温消毒、干燥粉碎制成的粉状饲料。肉骨粉的品质差异很大，若以腐败的原料制成产品，品质更差，甚至可导致中毒。肉骨粉的原料很容易感染沙门菌，在加工处理畜禽副产品过程中，要进行严格的消毒。特别注意加工过程中热处理过度产品的适口性和消化率均下降。

（3）矿物质源性饲料中的有毒有害物质

矿物质饲料的种类很多，主要有硝酸盐类、磷酸盐类和碳酸盐类等。不论是天然的还是工业合成的矿物质饲料，常常可能含有某些有毒的杂质，对动物呈现一定的毒害作用。矿物质饲料使用过多时，其本身也会对动物产生一定的毒性。

2. 非饲料源性有毒有害物质

非饲料源性有毒有害物质，既不是饲料原料本身存在的，也不是人为有意添加的有毒有害物质，它是指在饲料生产过程中，会对饲料产生污染的外界有毒有害物质，包括霉菌毒素、病原菌、有毒金属元素和多环芳烃等。

在饲料的收获、运输和加工等过程中，可能混入泥沙、铁钉和铁屑等异物，均会引起羊的消化功能失调，含泥沙过多的饲料容易在贮存中发生霉变，在饲喂时会增加羊舍中的灰尘，造成不良影响。因此，一般认为籽实饲料中泥沙含量不应超过 0.2%，糠麸中不应超过 0.8%。饲料中的金属、碎玻璃等容易造成羊的消化道创伤，有时甚至穿透胃壁和隔膜，引起创伤性内出血或心包炎，因此在加工过程中应特别注意除去金属碎片等混杂物。

3. 饲料的农药污染

有机氯农药：这类农药易溶于脂肪和有机溶剂，化学性质稳定，可在农作物中残留，并在动物体内有积蓄作用，它对神经组织、肾脏、肝脏及心脏起毒害作用，还可以通过畜产品转移到人体内，危害人体健康，还应特别注意有机氯农药还可导致人和动物致癌、致基因突变作用。

有机磷农药：这类农药药效高，残留期短，对人的毒性相对比较低，但在水中分解缓慢，可蓄积在淤泥和水生动植物体内。有机磷农药进入羊体内，分布到全身各器官和组织，与胆碱酯酶结合成为磷酰化胆碱酯酶，抑制胆碱酶的活性，有机磷农药中毒后病羊可出现中枢神经方面的症状，严重的会发生死亡。

除草剂：除草剂对各种动物均是高毒性的，羊采食被喷雾过除草剂的牧草会引起中毒。羊中毒的主要表现为呼吸困难、酸中毒、心动加速和痉挛，严重者可至昏迷或死亡。

4. 仓库害虫的污染

饲料在仓库贮存时，常会遭受鸟、鼠、昆虫和螨类的危害，它们不仅直接造成饲料的巨大损失，同时也会引起饲料的霉变以及被粪尿等排泄物污染，使饲料变质，从而导致营养价值降低，有时甚至还会使羊发生中毒，引起死亡。为减少仓库害虫的危害和污染饲料，要求仓库装纱窗，防止鸟类飞入库内。

二、影响饲料卫生质量的因素

影响饲料卫生质量的因素主要包括饲料原料本身因素、环境因素、加工工艺和人为因素等。

1. 饲料原料本身因素的影响

饲料原料是影响饲料安全的根源所在。饲料本身的因素，主要是指饲料本身含有有毒有害物质，它们在饲料中的含量则因饲料植物种属、生长阶段、加工和搭配不同而有很大的差异，因此有条件的饲料企业，应检测有毒有害物质的含量，并进行脱毒处理以减少其对饲喂动物的危害。

2. 环境因素的影响

饲料在生长、加工、贮藏及运输等过程中，被环境中有毒有害物质所污染，如工业产生的废水、废气、废渣和不合理使用农药、化肥的污染，以及环境中有害菌与致病菌，如沙门菌、大肠杆菌和结核菌等。从现实状况来看，环境因素的危害程度比饲料本身的有害程度更为严重，其中以饲料生长期、贮藏期霉菌繁殖产生毒素、农药、灭鼠药、重金属的污染更为突出。

3. 加工工艺因素的影响

饲料搭配不当，可导致其相互产生拮抗作用，因为在不同矿物质之间、维生素之间、矿物质与维生素之间存在着一定的相互关系。

4. 人为因素的影响

由于部分养殖户在湖羊养殖生产中，产生了一些错误认识，常在饲料中过量添加某些微量元素添加剂、驱虫剂和杀毒剂等；部分饲料生产企业为追求自己的经济效益，误导湖羊养殖户，在饲料中添加高铜、高铁等，使用违禁药品或促生长制剂等，而人为地污染了饲料。

三、饲料卫生安全的预防

提高饲料监察能力，加大执法力度。政府要加大对基层饲料监察或执法机构的资金投入，配备齐全先进的检测设备。

政府应加大饲料生产和经营企业的整治力度，对生产、经营行为不规范的饲料企业，坚决予以取缔。

饲料生产与经营企业、养殖场应严格按国家规定饲料添加剂中所用矿物质、微量元素和维生素等物质的种类、剂量、适用范围和休药期，并按畜禽营养需要标准添加微量元素和维生素等物质。

　　牧草和粮食饲料作物防治病虫害时，必须使用高效低毒农药，并要求收获前 15 ～ 30 天禁用农药；饲料作物严禁乱用，滥用化肥；饲料生产厂家采购原材料时，应尽量避免在土壤中重金属、有毒有害物质含量高的产地采购饲料原料。

第五章

优质饲草栽培与
利用技术

第一节
禾本科牧草

禾本科牧草是牧草的一个主要类群，资源丰富，分布广泛，有相当强的生态适应性，尤其在抗寒性及抗病虫害的能力上，远比豆科及其他牧草强。禾本科牧草中可作为家畜饲料的约有 60 属 200 余种，包括野生和栽培两类，栽培的主要有鸭茅、披碱草、黑麦草、雀稗和狗尾草等。

一、禾本科牧草的形态特征

禾本科牧草按分蘖类型分根茎型、疏丛型、密丛型、根茎－疏丛型和匍匐茎型等；按株丛类型有上繁草与下繁草之分，植株大小差异较大，一般高 30 ~ 60cm，但最小的仅数厘米，如小米草属；而最高则可达 4m 以上，如芦苇等。禾本科牧草根系通常为须根，入土较浅，在表土层 20 ~ 30cm，有的则可达 1m 以上。茎有节与节间，节间中空，称为秆，秆多圆筒状，少数为扁形，基部数节的腋芽长出分枝，称为分蘖，有鞘内分蘖和鞘外分蘖。

二、禾本科牧草的生物学特性

1. 禾本科牧草对光照的要求

不同类禾本科牧草所需的光照强度不完全相同，夏季田间日光充足时，光照强度在 85000 ~ 110000 lx，温带冷季禾本科牧草单叶在光照强度达 2000 ~ 3000 lx 时出现光饱和，而热带禾本科牧草直到 6000 lx 时也未出现光饱和，在接近光饱和时冷季禾本科牧草的光能转化度在 3% 以下，而热带禾本科牧草则为 5% ~ 6%。

2. 禾本科牧草对温度的要求

温带禾本科牧草生长适宜温度在 20℃以下，热带禾本科牧草适宜温度在

30℃左右，16℃以下生长甚微。冷季型禾本科牧草相对生长率在昼夜温度为16～21℃和25～30℃最高，当温度增至30℃以上时则生长缓慢，而暖季禾本科牧草相对生长率在昼夜温度为30℃以上最高，当温度降至10～15℃则生长明显放缓。

3. 禾本科牧草对土壤的要求

关于牧草对土壤墒情的抗性，抗干旱的牧草有无芒雀麦、苇状羊茅、冰草；耐湿的牧草有草地早熟禾、多年生黑麦草、老芒草；耐湿强的有草芦、小糠草、朱尾草等。具有根茎的禾本科牧草要求有充足的空气，土壤通气良好，通常生长在湿润土壤的根茎呼吸增强，生长旺盛。适于生长在湿润土壤或积水中的禾本科牧草及密丛林型禾本科牧草能在通气微弱的土壤中生长。

4. 禾本科牧草对养分的要求

禾本科牧草对氮的要求较其他养分高，氮能促进分蘖和茎叶生长，使叶片嫩绿、植株高大、产草量高、品质好。研究表明，只要单纯供给氮素，禾本科牧草能达到含有同样多或多于豆科牧草的蛋白质含量，若供氮不足，对生长会造成影响。

三、禾本科牧草利用价值

禾本科牧草作为饲用植物的意义很大，禾本科牧草的饲用价值大多都很高，其蛋白质和钙含量虽较豆科牧草低，但如能适当施肥且合理利用，这种差异并不会很大。禾本科牧草含有丰富的营养成分，特别富含糖类及其他碳水化合物，基本能满足湖羊对各种营养成分的需求。

热带禾本科牧草与温带禾本科牧草的饲用品质明显不同。温带禾本科牧草一般具有较少的粗纤维，在瘤胃的滞留时间较短，分蘖较多，利于放牧，粗蛋白含量较多，消化率也较高。

一般禾本科牧草，具有较强的耐牧性，践踏仍不易受损，再生性强，在调制干草时叶片不易脱落，茎叶干燥均匀。由于含较丰富的糖类，易于调制成品质优良的青贮料，饲用价值大部分很高，栽培牧草中约75%为禾本科牧草。

四、主要禾本科牧草

1. 黑麦草属牧草

黑麦草属系一年生或多年生草本植物，丛生，叶长而狭，叶脉明显，叶背有光泽。黑麦草属牧草具有产草量高、适应性广等优点，2012年福建省农业科学院畜牧兽医研究所引进的"美克斯"和"海克里斯"多花黑麦草品种，其平均鲜草产量每亩达8000kg以上（见表5-1），比"特高"多花黑麦草增产高达19%以上。另外，"海克里斯"多花黑麦草还具有抗倒伏能力与抗病虫害能力强等优点。"美克斯"和"海克里斯"多花黑麦草营养价值丰富，营养成分见表5-2。

表 5-1　多花黑麦草鲜草、干物质亩产量分析表（kg）

品种	I	II	III	总产量	
				鲜草	干草
美克斯	1062.5	3727.8	4199.4	8989.8	1531.4
海克里斯	1175.3	3210.3	4162.1	8547.6	1597.3
特高	877.8	4582.3	2925.5	8385.5	1507.4

注：测定数据来自福建省农业科学院畜牧兽医研究所。

表 5-2　多花黑麦草营养期营养成分测定（占干物质%）

品种	生育期（d）	粗蛋白	粗纤维	粗脂肪	粗灰分	总磷	钙
美克斯	123	22.78	25.91	7.87	18.21	0.77	0.49
海克里斯	123	23.73	25.56	7.28	16.82	0.76	0.76
特高	123	20.61	26.34	6.24	15.84	0.74	0.10

注：测定数据来自福建省农业科学院畜牧兽医研究所。

2. 狼尾草属牧草

杂交狼尾草，又名杂交象草，是美洲狼尾草和象草的杂交种。杂交狼尾草为禾本科狼尾草属多年生草本植物，植株高度为3.5～4.5m，茎圆形，丛生，粗硬直立，根深密集，分蘖20个左右。须根发达，根系扩展范围广，主要分布在0～20cm土层内，下部的茎节有气生根。本杂交种为三倍体，不能形成花粉，通常不能结实。在栽培上主要通过根、茎进行无性繁殖。

图 5-1 "美克斯"多花黑麦草

图 5-2 杂交狼尾草

杂交狼尾草基本综合了象草高产和美洲狼尾草适口性好的优点。在长江中下游地区亩产鲜草可达 10t 以上。其茎叶柔嫩，适口性好，营养价值高，可作为草食动物的青饲料，年内可刈割 5 ～ 6 次，除了刈割作青饲料外，也可以晒干草或调制青贮料。杂交狼尾草营养成分见表 5-3。

表 5-3 杂交狼尾草的营养成分（%）

干物质	粗蛋白	粗脂肪	粗纤维	无氮浸出物	灰分
15.20	9.95	3.47	32.9	4.33	10.22

注：测定数据来自福建省农业科学院畜牧兽医研究所。

3. 苏丹草

苏丹草原产于北非苏丹高原地区，为高粱属一年生禾本科牧草，根系发达，入土深达 2m 以上，60% ～ 70% 的根分布在耕作层，水平分布 75cm，近地面茎节常产生具有吸收能力的不定根。茎高 2 ～ 3m，分蘖多达 20 ～ 100 个。

苏丹草喜温不耐寒，尤其幼苗更不耐低温，遇 2 ～ 3℃气温即受冻害，种子发芽最低温度为 8 ～ 10℃，最适温度为 20 ～ 30℃。由于根系发达，且能从不同深度土层吸收养分和水分，所以抗旱力较强。生长期遇极度干旱可暂时休眠，雨后即可迅速恢复生长，产量与生长期供水状况密切相关，尤其是抽穗开花期需水较多，应合理灌溉，但是苏丹草不耐湿，水分过多，易遭受各种病害，尤易感染锈病。苏丹草对土壤要求不严格，只要排水良好，在沙壤土、重黏土、弱酸性土和轻度盐渍土上均可种植，以在肥沃的黑钙土、暗栗钙土上生长最好。

图 5-3 "海狮"苏丹草

图 5-4 "大力士"甜高粱

4. 甜高粱

　　甜高粱"大力士"和"乐食"两个品种的根系为须根系，根系的主要部分在 30cm 土层内。茎秆直立呈圆筒形，表面光滑，茎秆高度在 3.5～5.0m。茎秆中间的直径 3cm 左右，茎秆节数多在 10～20 节。两个品种的主要生产性状分析、产量和营养成分分别见表 5-4、表 5-5 和表 5-6。

表 5-4　供试品种主要生产性状分析表

品种	株高（m）	茎粗（cm）	茎秆长（m）	茎秆节数	穗长（cm）	穗粒重（g）
乐食	3.8	2.9	3.3	19	19	25
大力士	4.3	3.1	3.7	22	25	38

注：测定数据来自福建省农业科学院畜牧兽医研究所。

表 5-5　供试品种亩产量（t）

品种	福州				清流				漳州			
	鲜草	干草	干鲜比（%）	茎叶比	鲜草	干草	干鲜比（%）	茎叶比	鲜草	干草	干鲜比（%）	茎叶比
乐食	16.0	3.4	21.2	1：0.20	13.0	3.1	23.8	1：0.21	14.0	3.2	22.8	1：1.26
大力士	18.0	3.7	20.5	1：0.30	15.0	3.3	22.0	1：0.27	16.0	3.4	21.2	1：0.28

注：测定数据来自福建省农业科学院畜牧兽医研究所。

表 5-6 供试品种营养成分分析（占干物质重%）

品种	粗蛋白	总糖	无氮浸出物	粗纤维	粗灰分
乐食	6.8	10.68	46.8	31.6	7.89
大力士	10.8	12.48	53.6	33.9	7.80

注：测定数据来自福建省农业科学院畜牧兽医研究所。

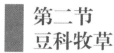

第二节 豆科牧草

豆科植物原产热带，现已遍布世界各地。豆科是种子植物中的第三大科，我国目前约有 185 属 1380 种。豆科牧草能通过共生细菌进行固氮，能吸收土壤深层的磷、钙，增加土壤有机质，对土壤结构改良和土壤肥力的提高具有重要作用。

一、豆科牧草的形态特征

豆科牧草的根为直根系，一般分为 3 种类型，即主根型，如紫花苜蓿，主根粗壮发达；分根型，如红三叶，主根不发达，而分根发达；主根－分根型，如草木樨，根系发育介于上述两者之间。这 3 种类型均着生根瘤，根瘤内的根瘤菌能固定空气中的氮素。

豆科牧草的茎多为草质，少数坚硬似木质，一般圆形亦具有棱角或近似方形，光滑或有毛有刺，茎内有髓或中空。株形分 4 种类型：

直立型，茎枝直立生长，如红豆草、紫花苜蓿、红三叶和草木樨等。

匍匐型，茎匍匐生长，如白三叶。

缠绕型，茎枝柔软，其复叶的顶端叶片变为卷须攀缘生长，或匍匐生长地面成短小离乱的茎，如毛苕子。

无茎型，没有茎秆，叶从根颈上发生，这种草低矮，产量低，如沧果紫云英、中亚紫云英等。

豆科牧草的叶初出土为双子叶，成苗后叶常互生，分为羽状复叶和三出复叶两类，稀为单叶。羽状复叶有毛苕子、沙打旺等，三出复叶有红三叶等，均有托叶。豆科牧草的花为蝶形花，多为两性，花冠的旗瓣大而展开，并具色彩，便于吸引昆虫。豆科牧草花序多样，通常为总体或圆锥花序，有时为头状或穗状花序，腋生或顶生。

豆科牧草的果实大多为荚果。典型的荚果通常由 2 片果瓣组成，种子着生在腹缝线上。种子无胚乳，子叶厚，种皮革质，难于透水透气，硬实率较高。

二、豆科牧草的生物学特性

1. 豆科牧草对水分的要求

多年生豆科牧草的蒸腾系数较多年生禾本科牧草稍低，但比农作物高得多。在水分低于土壤饱和持水量的 50% 时，豆科牧草很明显地减少并有抵制蒸腾的能力。豆科牧草的需水量因种类而异，紫花苜蓿、红三叶等需水量多，而黄花苜蓿、草木樨、沙打旺等需水较少。豆科牧草对水分过多较为敏感，尤其在秋季，土壤积水而容易受淹死亡，而在春季因土壤解冻后的过分潮湿，则影响不大，如草藤、杂三叶和红三叶等都能忍耐地面水淹。

2. 豆科牧草对土壤空气的要求

土壤通气良好，有显著的下降水流，同时底土渗透性良好是豆科牧草生长发育良好的必需条件。分根型豆科牧草根系较浅，土壤表层通气良好，根茎上才能长出较多的新芽；主根型豆科牧草根系较深，土壤底层的通气较为重要。

3. 豆科牧草对温度的要求

热带豆科牧草的生长最低温度、最适温度和最高温度分别为 15℃、30℃和 40℃，其相对生长率在昼夜温度为 30 ~ 36℃时达到最高。温带牧草适宜生长温度则为 5℃、20℃和 35℃，温带豆科牧草对低温逆境不是十分敏感，而对高温逆境反应敏感。相反地，热带豆科牧草对低温逆境十分敏感。

4. 豆科牧草对光照的要求

多数豆科牧草是喜光植物，对光照强度较禾本科牧草更为敏感。紫花苜蓿比百脉根能在弱光下生产较多的干物质，多数豆科牧草在光照强度达20000 ~ 30000 lx 时就会出现光饱和。

5. 豆科牧草对养分的要求

豆科牧草能固定根瘤菌而直接利用大气中的游离氮，对氮肥不如禾本科牧草敏感，但对磷、钾和钙等元素非常敏感，从土壤中吸收的磷、钾和钙等元素的量也较禾本科牧草为多（见表 5-7）。

表 5-7 豆科牧草和禾本科牧草对磷、钾、钙消耗量的比较（kg/hm²）

牧草种类	K₂O	CaO	P₂O₅
禾本科牧草	50	18	20
豆科牧草	60	60	27

三、豆科牧草的利用价值

豆科牧草含有丰富的蛋白质、钙和多种维生素，其鲜草含水量较高，草质柔嫩，大部分草种的适口性好，比禾本科牧草具有更优的饲喂品质。开花前粗蛋白质占干物质的 15% 以上，在 100kg 饲草中，可消化蛋白质达 9 ~ 10kg。豆科牧草因其生长点位于枝条顶部，可不断萌生新枝，再生能力较强，开花结实期甚至种子成熟后茎叶仍呈绿色，故利用期长。调制成干草粉的豆科牧草因纤维素含量低，质地绵软，可代替部分豆粕和麦麸作精料饲用。

表 5-8 常见豆科草类干物质中消化能和代谢能含量及有机物质消化率

牧草名称	生育期	粗蛋白质（%）	粗脂肪（%）	有机物质消化率（%）	消化能（DE）（MJ/kg）	代谢能（ME）（MJ/kg）
沙打旺	初花期	13	2.61	63.46	10.94	8.88
紫云英		21.6	3.87	72.75	13	10.49
红三叶	盛花期	17.71	2.3	65.70	11.4	9.05
白三叶	蜡熟期	30.5	3.2	74.61	13.5	10.33
胡枝子	叶	18.18	5.27	53.30	9.48	7.09

豆科牧草主要经济价值为富含优质的蛋白质，豆科牧草及其籽实含有丰富的蛋白质，在开花初期粗蛋白含量可达 13% 以上，多数在 20% 左右，有的甚至高达 25%，因而被称为优质蛋白饲料；同时纤维含量少，富含钙、磷，且鲜草中含有较丰富的维生素。豆科牧草消化率高、质地优、适口性好，湖羊可达喜食或最喜食程度，属牧草之首。

四、主要豆科牧草

1. 决明属牧草

圆叶决明是一种半灌木半直立多年生豆科草本植物，原产于中美洲和南美洲。圆叶决明具有耐酸、耐瘦瘠、易种植、产量高、营养价值丰富等特性，是热带、亚热带酸性瘠薄红壤区人工草地种植的一个优良草种。

圆叶决明可单播，收割后鲜喂、晒干加工成草粉可作为价值较高的蛋白质饲料，可代替部分精料配合湖羊日粮，圆叶决明与禾本科牧草混播生长良好。圆叶决明的枯枝落叶、根瘤可改良土壤，具有广泛的推广价值。

图 5-5　圆叶决明

图 5-6　"赛迪 -10" 紫花苜蓿

2. 紫花苜蓿

紫花苜蓿素有"牧草之王"的称号，是当今世界分布最广的栽培牧草之一。紫花苜蓿草质好、适口性强，茎叶柔嫩鲜美，不论青饲、青贮、调制青干草、加工草粉、用于配合饲料或混合饲料，畜禽都喜食。紫花苜蓿饲用价值具有以下几点。

（1）产草量高

紫花苜蓿的产草量受生长年限和自然条件不同而变化，播后 2 ~ 5 年每亩鲜草产量一般在 2000 ～ 4000kg，干草产量 500 ～ 800kg。

（2）利用年限长

紫花苜蓿寿命最高可达 30 年之久，田间栽培利用年限多达 7 ～ 10 年，但其产量在进入高产期后，随年限的增加而逐渐下降。

（3）再生性强

紫花苜蓿再生性很强，而且耐刈割。刈割后能很快恢复生长，一般每年可刈割 3 ～ 4 次，多则可刈割 5 ～ 6 次。

（4）营养丰富

紫花苜蓿茎叶中含有丰富的蛋白质、矿物质、维生素及胡萝卜素。紫花苜蓿鲜嫩状态时，叶片重量占全株的 50% 左右，叶片中粗蛋白质含量比茎秆高 1 ～ 1.5 倍，粗纤维含量比茎秆少一半以上。

表 5-9 紫花苜蓿的消化率（%）

		有机质	粗蛋白质	粗脂肪	无氮浸出物	粗纤维
鲜草	幼苗期	—	76.6	—	75.6	43.4
	孕蕾期	—	71.0	—	65.5	42.5
	盛花期	—	69.2	—	61.1	44.7
干草	第一茬	64.6	80.6	63.5	72.5	44.0
	第二茬	63.0	80.2	57.5	66.9	47.3
	第三茬	63.0	77.3	53.0	73.3	43.7

注：数据来自吉林省农业科学院畜牧研究所。

表 5-10 紫花苜蓿的营养成分表（%）

生育期	水分	占风干物质				
		粗蛋白	粗脂肪	粗纤维	无氮浸出物	粗灰分
现蕾期	9.98	19.67	5.13	28.22	28.52	8.42
20% 开花期	7.64	21.01	2.47	23.27	36.83	8.74
50% 开花期	8.11	16.62	2.73	27.12	37.26	8.17
盛花期鲜草	73.8	3.80	0.30	9.40	10.7	2.00
头茬草	6.60	17.90	2.30	32.20	33.6	7.40
再生草	6.70	17.80	3.00	26.90	39.6	6.00

注：数据来自吉林省农业科学院畜牧研究所。

3. 三叶草

三叶草常见的有白三叶和红三叶两种，是豆科牧草中分布最广的一类，几乎遍及全世界，尤以温带、亚热带分布为多。红三叶是一种优质、高产的刈割和放牧型多年生牧草，可晒制干草，也可青刈利用。三叶草与多年生黑麦草、鸭茅等混播可提高饲用价值。三叶草具有以下生物学特性。

（1）适口性好，营养价值高

三叶草可消化蛋白质较紫花苜蓿低，而总可消化营养及净热量较紫花苜蓿略高，干物质总产量随生育期而增高，开花期蛋白质含量最高，纤维素随生长期延长而迅速增加。

（2）抗逆性强，适应性广

三叶草对土壤要求不高，耐贫瘠、耐酸，最适排水良好、富含钙质及腐殖质的黏质土壤，不耐盐碱、不耐旱，只要在降水充足、气候湿润、排水良好的各种土壤中都能正常生长。

4. 红豆草

红豆草是一种优质、高产、耐瘠薄、抗旱、抗寒的多年生牧草（北方播种面积仅次于苜蓿），可用于青饲、青贮，放牧、晒制青干草，加工草粉、配合饲料和多种草产品，各类家畜都喜食。适应性强，喜温暖半干燥的气候条件，适宜在年平均气温 12 ～ 13℃、年降水量 350 ～ 500mm 地区生长。

红豆草饲用价值可与紫花苜蓿媲美，故有"牧草皇后"之称，适口性比紫花苜蓿和三叶草好，牛、羊和兔等动物均喜食，且食后不易得膨胀病。红豆草的耐牧性和再生性不如白三叶和紫花苜蓿。红豆草开花早，花期长达 2 ～ 3 个月，是优良的蜜源植物，其根上有根瘤，固氮能力强，对改善土壤理化性质，增加土壤养分，促进土壤团粒结构的形成，都具有重要的意义。

第三节
其他科牧草

一、莎草科

狭义指莎草科中的饲用植物；广义包括灯心草科牧草，又可合称为类禾草。广泛分布于全世界，但主要分布于北半球温带、寒带和高山带的潮湿和沼泽地区。

1. 莎草科的生物学特性

莎草科为单子叶植物纲的禾草样草本植物，分布于潮湿地区。莎草科的主要特征为茎实心，横断面常为三角形，叶基部具叶鞘，叶鞘的两侧边缘互相接合。某些种类的叶片已退化。几乎所有种类均为风媒传粉。

2. 莎草科的植物学特性

莎草科为多年生草本，较少一年生。多数具根状茎，少有兼具块茎，大多数具有三棱形的秆，一般具闭合的叶鞘和狭长的叶片，有时仅有鞘而无叶片。

3. 莎草科的主要分布特征

莎草科含皂苷类、单宁、黄酮、生物碱和萜类等。中国南北均有大量分布，约有28属800余种，大多生长在潮湿处或沼泽中，或生长在山坡草地或林下。

4. 莎草科的饲用价值

莎草科牧草大多数为多年生，饲用价值较大的主要有苔草属、嵩草属、羊胡子草属和莎草属等。在中国青藏高原的高寒草原地带，嵩草属的一些种常成为天然草地的优势植物。莎草科的干物质中平均含粗蛋白质14.1%、粗脂肪3.0%、无氮浸出物49.6%、粗纤维25.5%、粗灰分7.8%。因其味淡、硅酸含量较高、茎和叶较粗糙，适口性和饲用价值较差，但耐牧性强，所以适于放牧利用。

二、聚合草

聚合草原产北高加索和西伯利亚等地，生长在河岸边、湖畔、林缘和山地草原。早在 18 世纪末英国和德国开始试种，并作为饲草利用，1977 年以来，我国大力进行试验推广，各地都已有种植，栽培地区主要集中在长江以北、长城以南，其中以江苏、山东、山西和四川等省份种植较多。

1. 聚合草的生物学特性

聚合草耐寒性极强。据介绍，其根在土壤中能忍受 –40℃的低温，在华北、东北南部和西北能安全越冬，但在东北北部寒冷地区，在冬春干旱和无雪覆盖的情况下，越冬有困难。聚合草喜温暖湿润气候，当温度在 7 ~ 10℃开始发芽生长，22 ~ 28℃生长最快，低于 7℃生长缓慢，低于 5℃停止生长。

聚合草根系发达，入土深，能有效地利用深层土壤水分，抗旱力较强。土壤水分过多，间歇性被水淹没，或早春土壤长期处于冻融交替状态时，植株生长不良，甚至烂根而使全株死亡。

聚合草适应地域广，繁殖系数大。在我国南北几乎均可种植，各地区的气候、土壤都能满足聚合草生长发育的要求。聚合草对土壤要求不严，除低洼地、重盐碱地外，一般土壤都能生长，土壤含盐量不超过 0.3%，pH 不超过 8.0 即可种植，但聚合草最适于排水良好、土层深厚、肥沃的壤土和沙质壤土。

2. 聚合草的饲用价值

聚合草干物质的粗蛋白含量为 24.3% ~ 26.5%，比饲用玉米、黑麦草、麦麸高 1 倍左右，比白三叶草、苏丹草、狼尾草高 60%，比串叶松香草高 10%；粗纤维含量为 13.7%，脂肪为 4.5%，灰分为 16.3%，在饲料家族中名列前茅。

收割的鲜聚合草，经切碎直接饲喂或切碎拌入其他干料饲喂。如果有条件可打成浆或打成草泥拌入配合饲料饲喂。其枝叶青嫩多汁，气味芳香，质地细软，青草经切碎或打浆后散发出清淡的黄瓜香味，猪、牛、羊、兔、草食性鱼均喜食，并可显著促进畜禽的生长发育。在盛花期还可将聚合草与玉米、大麦及燕麦等禾本科牧草混合青贮。夏秋收割后，可直接制成干草，干草粉碎后制成草粉。

三、鲁梅克斯

鲁梅克斯具有寿命长、返青早、生长快、高产优质、抗盐碱和适口性好等优点。1995 年从独联体引入我国，在河北、新疆、黑龙江、江西、山东和甘肃等地种植。注意大面积推广种植鲁梅克斯时应经过试验方可，切不可轻易推广。

1. 鲁梅克斯的生物学特征

鲁梅克斯既具有高产、速生和品质优良等特性，又有极强的耐寒性，能耐 –40℃ 的低温，但极不耐高温，在长江以南很难种植成功。除此以外，它还具抗旱、耐涝、耐碱、耐瘠薄、适应性广和抗逆再生能力强等特性，在山地、河岸、田间路旁及庭院附近均能生长。

鲁梅克斯虽然具有较强适应能力，但不抗盐碱，在碱性土壤生长不好，更不具备改良盐碱土壤的能力。鲁梅克斯并不是"不受土壤影响，全国适应"的作物，至少在盐碱地上种植是不可行的。此外，它抗热性较差，七八月高温季节，生长缓慢或停止。在山东中部，12 月中旬进入半枯萎期，2 月底返青，返青后根茎部的叶簇能再生，种植一次，可连续利用 10 ~ 15 年，亩产鲜叶可达 10t 左右。

2. 鲁梅克斯的饲用价值

鲁梅克斯蛋白质含量随生育期的不同有很大的变化，在莲座期干物质中粗蛋白含量为 31.43%，现蕾期为 23.69%，果实形成期干茎叶平均含蛋白质 12.13%。而全脂大豆粗蛋白质含量为 36.0% ~ 39.0%，苜蓿营养生长期粗蛋白质占干物质的 26.1%，花前期为 22.1%，初花期为 20.5%。鲁梅克斯是蛋白质最高的植物，其蛋白质含量是苜蓿的 2 倍、大豆的 3 倍。

鲁梅克斯含水量较高，饲喂时更要适当控制喂量。用鲁梅克斯饲喂湖羊，成年羊每天需青饲料 4kg 左右，若食用过多容易引起拉稀。在青饲料充足的情况下，要适当增加精饲料中糠、麸的比例（糠、麸应占精饲料总量的 40% 左右）。

第四节
青贮玉米

玉米是禾本科一年生高产作物，青贮玉米（又称饲料玉米）并不指玉米品种，而是将新鲜玉米存放到青贮窖（或裹包青贮），经发酵制成饲料。青贮玉米是鉴于农业生产习惯对一类用途玉米的统称。

一、青贮玉米的优势

青贮玉米是重要的制作优质青贮饲料的专用玉米，亩产量可达 4.5 ~ 6.5t，较普通籽实玉米高 0.5 ~ 2.0t，可比籽实玉米多提供 2 ~ 3 倍的营养物质，消化率提高近 3 倍。全株玉米青贮饲料是指在厌氧条件下，用带果穗专用或粮饲兼用青贮玉米经过微生物（主要是乳酸菌）发酵调制而成的青贮饲料。全株玉米青贮饲料营养丰富，是牛、羊的主要饲粮组分。欧洲、北美等畜牧业发达国家十分重视饲料玉米的种植和加工，并将饲料玉米的发展作为畜牧业发展的基础，多年前就已培育出大量粮饲兼用型玉米品种，如甜玉米、优质蛋白玉米、高油玉米和分蘗玉米等，还进行了大面积的推广种植。

我国是玉米生产大国之一，玉米总产量的 78% 用作畜禽饲料，然而我国对饲料玉米重视稍有不足，种植品种以粮用为主，青贮玉米品种很少，随着国家"粮—经—饲"一体农业产业结构调整政策的推进和奶业的不断发展，青贮玉米生产和利用受到了广泛关注，有关青贮玉米种植及其农艺性状的研究报道也随之增多。

二、青贮玉米的主要栽培技术

1. 选择优良高产青贮玉米种子

选择经过有关部门登记的优良高产青贮玉米种子。

2. 轮作、整地和施肥

合理换茬是玉米增产的重要条件，玉米消耗地力较强，常发生黑粉病、玉米螟等多种病虫害，所以在生产上不宜连作。大豆、小麦、马铃薯茬种植玉米最好，谷茬也能种玉米，也可选用玉米间混种。青贮玉米栽培耕深应在 20cm 以上，再翻施厩肥。

3. 青贮玉米的播种方式与方法

高产栽培的饲用玉米多采用单种。农户可根据当地气候条件适时播种。

籽粒玉米：要用刨埯点种，行距为 60 ~ 70cm，株距为 50 ~ 60cm，双株每埯点种 4 粒，摆成方形，上面覆土 3 ~ 4cm。

青贮玉米：采用刨埯点种或机械条播，行距为 60 ~ 70cm，株距为 20 ~ 30cm，亩播种量 3.5 ~ 4kg，机械双条播或扣种均可。

供夏、秋青贮的青刈玉米：播种或扣种，播幅为 8 ~ 10cm，机械播种采用双条播，带距为 7 ~ 8cm，播种量增加到每亩 7 ~ 8kg，覆土为 3 ~ 4cm，播后镇压一次。

此外，为了有效地利用有限的耕地面积，提高农作物产量，增加经济效益，农户可选用间混、套、复种的方法，玉米与豆科作物间种，玉米与草木樨间种，玉米间种甜菜或马铃薯等；玉米套种草木樨，小麦套种玉米等。

4. 青贮玉米的田间管理

出苗后查苗，缺苗要立即混种或催芽补种，后期造成缺苗要就地移苗补栽，力求达到全苗。在长出 3 ~ 4 片叶时进行间苗，保留大苗、壮苗，长出 5 ~ 6 片叶时定苗，留下与行间垂直的壮苗，使田间通风透光良好，定苗同时进行第一次中耕除草或培土，到拔苗时进行第二次中耕除草和培土。此次培土要注意深耕，套种和复种的玉米，中耕除草 1 ~ 2 次的玉米从拔节到灌浆期需水肥量都要更多。为了保证一地双高产，间、混、套、复种的玉米，除中耕除草，应追肥和灌水 1 ~ 2 次，每亩追速效氮肥 10 ~ 15kg，过磷酸钙 5 ~ 7kg，相应要求灌水一次。

5. 青贮玉米的收获和利用

青刈玉米：青刈玉米用做湖羊饲料在细嫩期刈割，一般从拔节期到乳熟期，根据需要农户可分期刈割切短，粉碎或打浆。

青贮玉米：适时刈割，一般在霜前割完、贮完，乳熟期青贮玉米要混贮，对于乳熟以后收割的玉米，也不应掰下果实单贮。果穗青贮可以顶精料用，能提高青贮饲料的质量。

籽实玉米：在苞叶干枯，籽实变硬，有光泽时收获。对于晚熟的，在霜前半个月左右，割去雄穗及顶部 1 ~ 2 片叶（必须保留第三片叶片），使下部透光良好。晚熟种也可在乳熟之后采用站秆扒皮晒以加速种子干燥。

三、青贮玉米的收获与青贮制作

1. 青贮玉米的收获时期

青贮玉米的最适收割期为玉米籽实的乳熟末期至蜡熟前期，此时收获可获得产量和营养价值的最佳值。青贮玉米收获时应选择晴好天气，避开雨季收获，以免因雨水过多影响青贮饲料品质。青贮玉米一旦收割，应在尽量短的时间内青贮完成，不可拖延时间过长，避免因降雨或本身发酵而造成营养物质的损失。

2. 青贮玉米的收获方法

大面积青贮玉米地都采用机械收获。有单垄收割机械，也有同时收割6条垄的机械。随收割随切短随装入拖车当中，运回青贮窖装填入窖。小面积青贮饲料地可用人工收割，把整棵的玉米秸秆运回后，切短装填入窖或进行裹包青贮。

在收获时一定要保持青贮玉米秸秆有一定的含水量，正常情况下要求青贮玉米的含水量为65%～75%，如果青贮玉米秸秆在收获时含水量过高，应在切短之前进行适当的晾晒，晾晒1～2天后再切短，装填入窖。水分过低不利于把青贮料在窖内压紧压实，容易造成青贮料的霉变，应适当喷洒一定量的水分，因此选择适宜的收割时期对青贮饲料制作显得非常重要。

 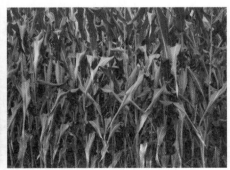

图5-7　牧草收割切短装运车　　　图5-8　青贮玉米

3. 青贮玉米的装填、镇压、封闭

切短的青贮饲料在青贮窖内要逐层装填，随装填随镇压紧实，直到装满窖为止，装满后要用塑料膜密封，密封后再覆盖30cm的细土。寒冷冬季为了防冻，还可在土上再盖上一层干玉米秸秆、稻秸或麦秸，防止结冻。经过15～30天

发酵即可完成，再经过 15 ~ 20 天的熟化过程即可开窖饲喂，此时制作优良的青贮料气味芳香、适口性好、消化率高，是牛、羊等草食动物的优质饲料。

四、青贮玉米的营养价值与经济效益

玉米青贮之所以受到许多畜牧业发达国家的重视，主要原因是它具有较高的营养价值和经济效益。

1. 玉米青贮饲料的营养成分

表 5-11　玉米营养成分（%）

种类	水分	粗蛋白	粗脂肪	粗纤维	无氮浸出物	灰分	分析单位
青玉米秆（鲜）	83.1	1.1	0.5	5.5	8.2	1.6	东北农学院
玉米青贮	79.1	1.0	0.3	7.9	9.6	2.1	中国农业大学
玉米籽实	11.7	7.8	4.4	2.4	72.6	1.4	黑龙江畜牧研究所

玉米青贮饲料在常态下含水率为 75% 左右，若按风干状态计算，大致为 4kg 折合 1kg，粗蛋白大约为 80g，无氮物大约为 564g、粗脂肪大约为 32g，与玉米籽实营养相差不多。玉米青贮饲料含有丰富的维生素及微量元素，在冬春缺青季节饲喂牛、羊等草食动物尤为重要。

表 5-12　维生素与微量元素比较（%）

名称	胡萝卜素	维生素		微量元素					
		烟酸	维生素C	钙	磷	锌	钴	铁	锰
玉米青贮	11	10.4	75.5	7.8	1.3	110.4	11.74	227.1	25.1
玉米籽实	1.3	19.4		0.3	2.8	28.9	3.2	105	12.5

注：由吉林省农业科学院畜牧研究所饲养研究室分析（1984 年）。

表 5-13　有机物消化率及能量比较

名称	有机物消化率（%）	能量（MJ/kg）		
		消化能	代谢能	产奶净能
玉米青贮	52.36	8.81	7.04	4.51
玉米籽实	86.81	15.26	13.69	8.65

注：引自《草地与牧草》。

从表5-12、表5-13看出，玉米青贮饲料的维生素含量丰富，微量元素多数高于籽实；有机物消化率较高，能量相当于籽实的一半左右。这些数据说明，玉米青贮饲料主要营养物质含量较丰富，消化率高，各种能量相当于玉米籽实的51%～57%，而青贮玉米产量相当于籽实的4～5倍。

2. 青贮玉米的收获期

为了探索青贮玉米的适宜收获时期，分别在籽实乳熟、乳熟至蜡熟和蜡熟3个阶段收割，按相同方法调制成青贮饲料，其结果见表5-14。

表5-14   不同收获期玉米青贮饲料营养价值

试验处理	消化率系数				每千克饲料含量		每千克绝干物质含量	
	蛋白质	脂肪	无氮浸出物	纤维素	饲料单位	可消化蛋白（g）	饲料单位	可消化蛋白（g）
乳熟	45.7	62.2	59.9	50.3	0.13	8.5	0.78	50.9
乳熟至蜡熟	46.2	80.0	72.7	68.6	0.24	8.4	1.04	56.5
蜡熟	54.8	73.5	69	53.2	0.29	17.1	0.79	57.4

注：引自苏联版《畜牧学》。

由表5-14看出，青贮玉米的适宜收获期为蜡熟期，但在实际生产中调制青贮需一定的时间，可在乳熟末期至蜡熟初期进行。

3. 青贮玉米的饲养效果

玉米青贮饲料喂饲肉羊试验表明，试验组比对照组受胎率提高22%，成活率提高9.7%，产量提高0.43kg，各项指标均高于对照组。

五、青贮玉米的市场开发前景

发展青贮玉米是农业种植结构的一项重大改革。借鉴发达国家的成功经验，我国畜牧业发展的趋势必将是大力发展牛、羊等节粮型草食动物产业，适度减少猪、鸡等耗粮型畜禽的比例，逐步形成一个节粮型的畜牧产业结构。从我国农业的整体发展战略考虑，发展草食家畜将主要依靠农区，因此青贮玉米的种植面积将迅速增加，以支撑日益发展的草畜产业。

第五节 饲草青贮技术

秸秆类粗饲料的调制加工工艺中，青贮是一种易推广的实用技术。近年来青贮技术不断改进，从传统的单一秸秆青贮发展到多种形式的添加剂青贮、豆科禾本科原料的混贮、草捆青贮、拉伸膜裹包青贮、半干青贮、真空青贮等多种形式，使青贮的工艺不断改进、内容不断丰富，其理论研究也不断深入和完善。

青贮原料主要是玉米秸秆、牧草等粗饲料，调制青贮饲料也是合理利用农作物秸秆的一种有效途径，对于实现农业资源循环利用具有重要意义。青贮的方法包括一般青贮法和特殊青贮法，特殊青贮法又分为半干青贮法和添加剂青贮法等。

一、青贮的基本原理

青贮是利用微生物厌氧发酵来保存青绿饲料营养的一项传统实用技术。主要是依靠乳酸菌发酵，青贮密封后，内部的氧气逐渐减少，乳酸菌大量繁殖，产生大量乳酸，使 pH 值快速下降，当达到一定酸度后，乳酸菌自身也停止活动，几乎形成无菌状态，使青贮饲料得以长期保存。青贮发酵过程受物理、化学和微生物等多种因素制约，因此，掌握青贮调制技术，首先有必要了解从装填原料到完成青贮饲料的过程中所发生的变化。青贮发酵过程与多种微生物有关，根据环境因素、微生物种类和物质变化，将正常的青贮发酵过程大体可分为 5 个阶段。

表 5-15　青贮发酵过程的物质变化

阶段	环境条件	变化主因	物质变化	期限
1	好气	植物细胞	碳水化合物氧化成 CO_2 和 H_2O	1～3 阶段需 3 天

续表

阶段	环境条件	变化主因	物质变化	期限
2	好气	好气性细菌	碳水化合物氧化成醋酸	1～3阶段需3天
3	厌氧	乳酸菌	碳水化合物开始转化成乳酸	
4	厌氧	乳酸菌	乳酸增加到1.0%～1.5%，pH4.2以下，进入稳定期	2～3周
5	厌氧	酪酸菌	乳酸生成量不足，碳水化合物、乳酸转化成酪酸，氨基酸转成氨	2～3周后

注：引自《青贮科学与进展》（内田仙二编，1999）。

1. 植物呼吸阶段

新鲜植物切碎、装窖后，最初植物细胞尚未完全死亡，还能进行有氧呼吸，将糖分解成二氧化碳和水，并释放出能量，导致养分的损失。如果将原料压紧，排出间隙中的空气，可使植物细胞尽快死亡，减少养分、能量的损失。

2. 微生物作用阶段

青贮的主要阶段，青贮原料上附着的微生物，可分为有利于青贮和不利于青贮两种。对青贮有利的微生物主要是乳酸菌，其生长繁殖要求湿润、缺氧的环境和一定含量的糖类；对青贮不利的微生物有丁酸菌、腐败菌、醋酸菌和真菌等，它们大部分是嗜氧和不耐酸的菌类。要使青贮成功，就必须为乳酸菌创造有利的繁殖条件，同时抑制其他细菌繁殖。乳酸菌在青贮的最初几天数量很少，比腐败菌的数量少得多，但几天后，随着氧气的耗尽，乳酸菌数目逐渐增加，慢慢变为优势菌。由于乳酸菌能将原料中的糖类转化为乳酸，所以乳酸菌浓度不断增加，当酸度达到一定数值时，青贮原料中的腐败菌在酸性环境下很快死亡。

3. 青贮完成阶段

乳酸菌的繁殖及产生乳酸的多少与青贮原料有一定的关系。多糖饲料乳酸形成较快，蛋白质含量高而糖含量低的饲料乳酸形成就比较慢。当青贮饲料的pH下降到4.0左右时，所有的微生物包括乳酸菌在内均停止活动，这样饲料就能够在乳酸的保护下长期贮存下来，而不易腐烂变质。乳酸菌将糖分解为乳酸的反应中，既不需要氧气，能量损失也很少。

要制作好青贮饲料，必须具备使乳酸菌大量繁殖的条件：青贮原料中要有一定的含糖量，一般禾本科含糖较多；原料的含水量要适度，以含水

65% ~ 75% 为宜；温度适宜，一般以 20 ~ 35℃为宜；将原料压实，排出空气，形成缺氧环境。

二、青贮的意义

1. 青贮饲料营养丰富

青贮可以减少饲料的营养成分损失，提高饲料的利用率。一般晒制干草养分损失为20% ~ 30%，有时甚至多达40%以上，而青贮后养分仅损失3% ~ 10%，尤其能够有效地保存多种维生素。另外，通过青贮还可以消灭原料携带的很多寄生虫及有害菌群，保证饲料的卫生。

2. 增强饲料的适口性

青贮饲料柔软多汁、气味酸甜芳香、适口性好；尤其在枯草季节，湖羊能够吃到青绿饲料，自然能够增加其采食量，同时还能促进消化腺的分泌，对提高湖羊日粮内其他饲料的消化也有良好的作用。实验证明：用同类青草制成的青贮饲料和干草作比较，青贮饲料的消化率有所提高（详见表5-16）。

表 5-16　青贮饲料与干草消化率比较（%）

种类	干物质	粗蛋白	脂肪	无氮浸出物	粗纤维
干草	65	62	53	71	65
青贮料	69	63	68	75	72

3. 制作比较简便

青贮是保持青饲料营养物质最有效、最便捷的方法之一，制作工艺简单，投入劳力少。青贮原料来源广泛，各种青绿饲料、青绿作物秸秆、高水分谷物、糟渣等均可用来制作青贮饲料。青贮饲料的制作不受季节和天气的影响，与保存干草相比，制作青贮饲料占地面积小，易于长期保存。

4. 保存时间长

青贮原料一般经过 30 ~ 50 天的密闭发酵后，即可取用饲喂家畜。保存好的青贮饲料可以存储几年甚至十几年的时间。生产实践证明，青贮不仅是合理利用青饲料的一种有效方法，而且是规模化和现代化养殖、大力发展农区畜牧业、大幅度降低养殖成本和快速提高养殖效益的有效途径。

三、青贮的条件

1. 创造缺氧的环境

乳酸菌只有在厌氧条件下才能大量繁殖，在制作青贮时要尽量创造缺氧环境，具体做法是将青贮原料尽量切短，装窖时要压实，装满后窖顶要封严。在制作青贮饲料过程中，厌氧条件是逐渐形成的，封窖后窖内总有残留的空气，好氧性微生物就利用这些残留的空气活动和繁殖；当用新鲜原料做青贮时，植物细胞还在呼吸也需要一定量空气，当这些残留空气全被消耗后，才能真正创造厌氧条件，所以做青贮时最好用新鲜原料，尽快形成厌氧环境，以利于青贮饲料制作成功。

2. 适宜的窖温和原料含水量

青贮原料的含水量在65%～75%为最佳。在生产上没有检测设备的情况下，简便测定方法是把切碎的原料用手握紧，在指缝中能见到水分但又不会流出来，就是适宜的含水量，此时含水量一般在70%左右。当含水量少时，不易压紧，窖内残留空气多，不利于乳酸菌的增殖，易使窖温升高，青贮易腐烂；当含水量过多不能保证乳酸的适当浓度，原料中营养物质易随水分流失，所以过湿的青贮原料应稍干后或加入一定比例糠麸吸收水分，才有利于青贮料的制作成功。青贮温度应当控制在20～35℃为宜，温度过高易发霉。青贮时掌握好压紧排气，可以控制青贮的温度。在生产上过干的原料可以加入含水量高的原料进行混合青贮。

3. 青贮原料的糖分

乳酸菌利用糖分制造乳酸并大量繁殖。当乳酸增多，酸碱度降到pH4左右时，各种厌氧菌包括乳酸菌都会停止活动，饲料才能长期保存。禾本科植物（玉米）含糖多，是做青贮的好原料。豆科植物如苜蓿草、花生秸秆等含糖少，含蛋白高，不宜单独做青贮，最好与禾本科植物混合青贮，才有利于青贮料的制作成功。

4. 青贮的发酵过程

青贮的发酵是一个复杂的微生物活动和生物化学变化过程，其过程大致可分为氧气耗尽期、微生物竞争期、乳酸积累期和发酵稳定期四个阶段。

（1）氧气耗尽期

原料装窖后，里面残留的氧气，有两个途径进行消耗：一是装填的青绿饲料，其中青绿饲料的细胞还未死亡，要进行呼吸代谢活动，消耗氧气，分解碳水化合物，产生热量、二氧化碳和水；二是好气性微生物的繁殖，包括好气性细菌、酵母菌、霉菌等，分解原料中的蛋白质、糖类产生氨基酸、乳酸和醋酸等物质，使窖内 pH 值下降，酸度提高。从营养学角度分析，这一阶段越短越好，可以减少营养物质损失，更好地促进厌氧菌的快速发酵。

（2）微生物竞争期

这阶段是好氧菌和厌氧菌、其他菌与乳酸菌进行竞争优势菌群的时期。当氧气消耗殆尽后，植物细胞和好氧菌的生命活动都基本停止，厌氧菌逐渐成为优势菌群，它们在适宜的环境中大量繁殖，经过糖酵解作用产生乳酸、醋酸和丁酸等酸类物质，使内部环境 pH 值急剧下降，有效地遏制了不耐酸的腐败菌的生长繁殖，使乳酸菌逐渐成为优势菌群，进入乳酸积累期。

（3）乳酸积累期

这是决定青贮成功与否的关键时期。在这一时期，乳酸菌以原料中可溶性碳水化合物为底物，迅速繁殖成为青贮饲料中的优势菌群，在适宜的温度、酸度和湿度条件下生长繁殖旺盛，产生大量的乳酸，致使 pH 值进一步下降。这一阶段产生的乳酸有利于整个青贮饲料营养价值的提高，同时使窖内保持酸性环境，抑制有害菌群生长，这一阶段时间比较长，需要 20 ~ 30 天的时间。高水平的乳酸含量使有害微生物的活动受到抑制、停止，甚至死亡，当 pH 值达到一定程度时，乳酸菌自身的活动也受到抑制，逐渐形成一个稳定的状态，即相对稳定期。

（4）发酵稳定期

青贮饲料经过乳酸菌发酵以后，乳酸的数量得到积累，最后的生成量能达到鲜料重的 1% ~ 1.5%，pH 值下降到 4.2 以下。此时各种微生物，包括乳酸菌的活动都受到抑制或者被杀死，窖内形成了无菌、真空、酸性的环境，因而保证青贮饲料能够长期保存。

四、青贮饲料的制作过程

1. 青贮原料的选择

用于制作青贮的饲料原料必须有一定的含糖量，所以青贮饲料原料多为禾本科牧草和饲料作物，最常用的青贮原料就是青贮玉米或一般的作物玉米，在玉米蜡熟期刈割，再进行切短制作青贮，而豆科牧草或豆科作物类秸秆因含糖量较少，蛋白含量较多，饲料的缓冲度大，因而鲜豆科牧草原料单独制作青贮很难成功，可以采用半干青贮、与禾本科混贮、添加剂青贮等方法来完成。制作青贮饲料的原料要求水分含量适中，水分含量在60% ~ 75%时，能获得良好的青贮效果。

2. 青贮添加剂的选择

青贮添加剂能起到抑菌、酸化和防腐败等作用，按起作用的物质可以分为化学性添加剂和生物性添加剂两大类。

化学性添加剂：这类添加剂主要是酸类，包括盐酸、硫酸、甲酸、乙酸、丙酸和丙烯酸等，其作用是降低青贮料的 pH 值，快速酸化，直接形成适于乳酸菌繁殖的生活环境，使乳酸菌在短时间内大量繁殖，抑制霉菌等有害微生物的生长，同时有防腐、防霉的功效。

生物性添加剂：化学性添加剂添加甲酸、甲醛等化学试剂，但往往具有一定的腐蚀性，存在家畜采食后的安全隐患，存在添加量较大，成本高和操作不便等缺陷，而生物性添加剂具有生态安全、应用简易、成本低廉等特点。

3. 青贮设施

常见的青贮设施有青贮池、青贮塔、青贮袋和裹包青贮等。

（1）青贮池

青贮池是大型养殖场应用最多的一种青贮设施，有地下式、地上式和半地下式三种。如果地下水位不是很浅，一般采用地下式青贮池，根据所需容量不同深度在 1 ~ 2m 不等，宽度在 3 ~ 4m，长度可根据容积要求设定。青贮池的制作要求不透水、不透气、密封性能好，多采用砖石砌壁，水泥挂面，使表面尽量平滑。青贮池一般为长方形池，纵截面可做成下窄上宽的梯形，这样更有利于压实。青贮池上边缘要高出地面 30 ~ 60cm，防止雨水流入。大型青贮池可做成一头斜面开放式，作为进料和出料的通道。

图 5-9 地上式青贮窖　　　　图 5-10 地下式青贮窖

（2）青贮塔

一般为圆形塔。圆形塔占地面积小，青贮容量大，但建塔投资较多，难以广泛推广应用，青贮时需要设备从塔顶部灌注原料，所以一般也用在大型饲养场中。

（3）青贮袋

青贮袋方式在小区或个体养殖中应用较多，目前大部分中小养殖场常用该方式。青贮袋以无毒的聚乙烯塑料布为材料做成内袋，外面再套一层编织袋，防止内袋被划破。目前广泛使用的拉伸膜裹包青贮也是在袋贮的基础上发展起来的，更加方便实用。

图 5-11 裹包青贮

在实际生产中可因地制宜利用废弃的仓库或水泥池等设施，经过一定的修补完善，只要能保证良好的密封性能就可以作为青贮的设施。

4. 制作过程

（1）切短

在青贮前把青贮料切短有两方面的作用：一是方便装填时把窖内原料压紧压实，尽可能把其中的空气排出；二是切短处理可以使原料细胞内更多的含糖汁液渗出，有利于乳酸菌的发酵。一般禾本科作物或牧草在适宜收割期收割后，大窖青贮切短到 3 ~ 4cm 即可。

图 5-12　牧草铡草机

图 5-13　切短压实的青贮原料

（2）装填、压实

原料在切短的同时要进行装填和压实，在生产中一般把粉碎机安装在青贮窖周围，直接把原料切短后堆放至窖内，同时用机械或人工进行压紧压实，层层装填，层层压实，有利于把其中的空气排除。如果在青贮过程中要加入添加剂，则在装填的过程中要层层加入，这样有利于添加剂与原料的充分混合。由于装填的原料都是新鲜的饲料，经过一段时间的发酵会部分下陷，因此在装填的过程中要使装填的饲料高出青贮窖边缘 50cm 左右为宜。

（3）覆盖

装填完毕后立即用无毒聚乙烯塑料薄膜覆盖，将边缘部分全部封严，然后在塑料薄膜上面再覆盖 10 ~ 20cm 的土层，确保不漏水、不透气。在生产中制作青贮饲料要在所用原料的最佳收获期，所以制作青贮饲料的时间较短，一般整个青贮过程不要超过 1 周，这样能够保证青贮饲料的质量。

五、青贮过程中要注意的问题

一般青贮原料压得越实越好，但是如果青贮原料幼嫩部分较多，含水量较高，压得过于紧实，会使其中的汁液大部分流失，且饲料容易结块，发生霉变。一般装填紧实程度适中的饲料，发酵温度在 30℃ 左右，最高不超过 37℃。

豆科类饲料原料，制作青贮与上述的要求有所不同，按常规方法难以制成优质青贮饲料。因此鲜的豆科类饲料原料一般要与禾本科混贮，或者晾晒失去部分水分后进行半干青贮，也可半干后打捆进行青贮。

六、青贮饲料的使用

青贮饲料制作 45 天左右可以取用，方形青贮窖一般从一头启封，随用随取，取后马上用塑料布封好，尽量避免青贮料与空气长时间的接触，防止二次发酵。青贮窖一旦开启就要连续取用，直到用完。取用过程中为防止青贮饲料二次发酵，注意每次取用时应向青贮窖内部深入不少于 0.5m，取后要马上封严。圆形窖从顶部启封，一层一层取用，规则与方形窖基本相同。

饲喂时，因为青贮料具有酸香味，饲喂青贮料应掌握由少到多、逐渐添加的原则，一般在 7 天内达到正常的饲喂量即可，如果突然更换青贮料等粗饲料，有可能引发湖羊胃肠道疾病的发生。

另外，青贮饲料含有大量有机酸，具有一定的轻泻作用，因此，母羊怀孕后期不宜多喂。单独饲喂青贮饲料对湖羊健康不利，应与碳水化合物含量丰富的饲料和干草搭配使用，以提高瘤胃微生物对氮素的利用率。特别注意的是，冰冻的青贮饲料应先移至室内融化后再进行饲喂，霉烂变质的青贮饲料一律不得饲喂。

图 5-14　农作物秸秆制作的青贮饲料　　　图 5-15　杂交狼尾草制作的青贮饲料

七、青贮饲料的品质鉴定

青贮饲料在饲用之前，应当正确地评定其营养价值和发酵品质。品质鉴定一般包括感官评定、化学评定（有机酸及微生物评定）。有机酸及微生物的检测是判断青贮饲料品质好坏最关键、最直接的评判指标，但是青贮饲料生产现场大多只能进行感官评定，化学评定需要在具备一定条件的实验室内进行。通过品质鉴定，可以判断青贮料营养价值的高低，以及是否存在安全风险。

1. 青贮饲料样品的采取

因青贮窖结构的不同、青贮制作过程中操作上的差异，青贮料在不同部位的质量存在一定的差别，为了准确评定青贮饲料的质量，所取的样品必须要有一定的代表性。取样品前首先应清除封盖物，并除去上层发霉的青贮料，再自上而下从不同层次中分点均匀取样，注意采样后应马上把青贮料填好，并密封，以免空气混入导致青贮料腐败。采集的样品可立即进行质量评定，也可以置于塑料袋中密闭，再放入 4℃冰箱中保存，待测。

2. 青贮饲料感官评定

开启青贮容器时，根据青贮料的颜色、气味、口味、质地和结构等指标，通过感官评定其品质好坏，这种方法简便、迅速、易操作（感官鉴定标准见表5-17）。

表 5-17 感官鉴定标准

品质等级	颜色	气味	酸味	结构
优良	绿色或黄绿色，有光泽，近于原色	芳香酸味，给人以好感	浓	湿润、紧密，茎叶花保持原状，容易分离
中等	黄褐或暗褐色	有刺鼻酸味、香味淡	中等	茎叶花部分保持原状、柔软、水分稍多
低劣	黑色、褐色或暗墨绿色	具特殊刺鼻腐臭味或霉味	淡	腐烂、污泥状、黏滑或干燥结块、无结构

（1）色泽

色泽优质的青贮饲料非常接近于农作物秸秆或牧草原先的颜色。若青贮前作物为绿色的，青贮后仍为绿色或黄绿色为最佳。青贮器内原料发酵的温度是影响青贮饲料色泽的主要因素，温度越低，青贮饲料就越接近于原先农作物秸秆或牧草的颜色。

（2）气味

气味品质优良的青贮料具有轻微酸味和水果香味。若有刺鼻酸味，则醋酸较多，品质较次。腐烂腐败并有臭味的则为劣等，不宜饲喂湖羊等家畜。青贮饲料气味芳香而喜闻者为上等，而刺鼻者为中等，臭而难闻者为劣等。

（3）质地

优质的青贮饲料植物的茎叶等结构应当能清晰辨认，结构破坏及呈黏滑状态是青贮腐败的标志，黏度越大，表示腐败程度越高。优良的青贮饲料，在窖内压得非常紧实，但拿起时松散柔软，略显湿润，但不粘手，茎叶花保持原状，容易分离。中等青贮饲料茎叶部分保持原状，柔软，水分稍多。劣等的青贮饲料结成一团，腐烂发黏，分不清原有结构。

3. 化学分析鉴定

用化学分析测定包括青贮料的酸碱度（pH）、各种有机酸含量、微生物种类和数量、营养物质含量变化、青贮料可消化性及营养价值等，其中以测定 pH 及各种有机酸含量较普遍采用。

（1）pH 值（酸碱度）

pH 值是衡量青贮饲料品质好坏的重要指标之一。实验室测定 pH 值，可用精密酸度计测定，生产现场可用精密试纸测定。

（2）氨态氮

氨态氮与总氮的比值是反映青贮饲料中蛋白质及氨基酸分解的程度，比值越大，说明蛋白质分解越多，青贮质量不佳。

（3）有机酸含量

有机酸总量及其构成可以反映青贮发酵过程的好坏，其中最重要的是乳酸、乙酸和丁酸，乳酸所占比例越大越好。优良的青贮饲料，含有较多的乳酸和少量醋酸，而不含酪酸。品质差的青贮饲料，含酪酸多而乳酸少。

表 5-18　不同青贮饲料中各种酸含量（%）

等级	pH	乳酸	醋酸		丁酸	
			游离	结合	游离	结合
良好	4.0 ~ 4.2	1.2 ~ 1.5	0.7 ~ 0.8	0.1 ~ 0.15	—	—
中等	4.6 ~ 4.8	0.5 ~ 0.6	0.4 ~ 0.5	0.2 ~ 0.3	—	0.1 ~ 0.2
低劣	5.5 ~ 6.0	0.1 ~ 0.2	0.1 ~ 0.15	0.05 ~ 0.1	0.2 ~ 0.3	0.8 ~ 1.0

（4）微生物指标

青贮饲料中的微生物种类及其数量是影响青贮料品质的关键因素，微生物指标主要检测乳酸菌数、总菌数、霉菌数及酵母菌数，霉菌及酵母菌会降低青贮饲料品质及引起二次发酵。

八、青贮饲料的营养价值和饲用技术

青贮饲料的营养价值取决于原料的营养成分和调制技术，即使同一种原料，收割期不同，其青贮饲料营养价值也有所差异。因青贮技术不同，其养分损失也有所变化，通常情况下其损失为 10% ~ 15%。

1. 青贮饲料的营养价值

（1）干物质

与其原料相比，青贮饲料的含水量低，而干物质含量高。通常，优质青贮饲料的干物质含量为 20% ~ 30%，随原料种类、收割期不同，其变动范围为

15%～40%，但是半干青贮的干物质含量则更高。

（2）蛋白质含量

青贮饲料中因蛋白质分解而生成的氨化物和游离氨基酸含量多，即非蛋白氮化合物增加，因此与其原料相比，青贮料中的粗蛋白质比例减少。一般来说，氨态氮含量越高，说明其发酵品质越差。

（3）碳水化合物

原料中的糖通过发酵转化成乳酸，同时一部分淀粉也分解为简单糖，使无氮浸出物发生相应变化，但是粗纤维成分没有太多变化。

（4）无机物

虽然青贮过程中钙和磷等矿物质的绝对含量不发生变化（加酸青贮时10%～20%的钙和磷损失），但因含水量变小，所以无机物相对含量变大。微量元素在青贮饲料中的变化不大。

（5）维生素类

牧草中含有较多维生素 B 族和胡萝卜素，青贮的过程维生素 B_1 和烟酸几乎没变化。虽然新鲜原料中含维生素 D 不多，便经过凋萎过程形成较多维生素 D，然而一部分因发酵作用而被破坏，因此青贮饲料中其含量也减半。

（6）青贮饲料的消化率

青贮饲料的消化率与其原料无明显差异（尤其对反刍家畜），但调制方法不当时，其消化率也会受到影响。

2. 青贮饲料的饲养技术

青贮饲料在牛、羊等草食家畜的饲养上广泛应用。湖羊在第一次饲喂青贮饲料时，可能会有些不习惯，可将少量青贮饲料放在食槽底部，上面覆盖一些精饲料，待湖羊慢慢习惯后，再逐渐增加青贮饲料的饲喂量。一般每天每头湖羊青贮饲料的饲喂量为 1.5～3kg，但是应该特别注意湖羊在妊娠后期要停喂，以防流产。冰冻的青贮饲料，要在解冻后再饲用。

第六章

湖羊日粮配制及
加工技术

第一节
湖羊营养需要与特点

湖羊的营养需要是指湖羊生活、生长、繁殖和生产过程中对能量、蛋白质、矿物质、维生素等营养物质的需要量，其营养需要主要包括维持需要和生产需要两大部分。饲料中能够被湖羊用以维持生命、生产产品的化学成分，称为营养物质，营养物质是饲料中的有效成分，饲料是营养物质的载体。

一、水的需要量

水是动物有机体一切细胞和组织的必需成分，其含量一般占体重的50% ~ 75%，不同年龄的动物含水量不同，幼龄动物体内含水较多，高达80% ~ 90%，成年动物体内含水量少，绵羊体内水的含量一般在55% ~ 62%，其主要功能是运输养料、排泄废物、调节体温、帮助消化、促进细胞与组织的化学作用及调节组织的渗透性，以及润滑组织、稀释毒物和形成产品等作用。

水对动物具有重要的营养生理功能，其重要性甚至远高于其他营养物质，如果动物失去体内全部脂肪和50%以上的蛋白质，动物依然可以存活，但当机体失去8%的水分时，就会出现严重的干渴感觉和食欲丧失，消化作用减慢；失去10%的水分则导致严重代谢紊乱；当损失20%以上的水分时，就能引起脱水而死亡。高温季节的缺水后果比低温时更为严重，在夏季要供应充足的饮水；当矿物质元素摄入量较多时需水量增加；当母羊处在妊娠后期和哺乳期时需水量也明显增加。因此对于规模湖羊养殖来说，重视对水的营养与生理作用具有重要意义。

水分存在于一切饲料当中，风干饲料中约含12%的水分，而青绿多汁饲料可达60%以上，新鲜黑麦草甚至高达90%以上。饲料中的水分与饲料的营养价值有密切关系，多汁饲料应扣除水分后，即以干物质中营养物质的含量评价其饲用价值；一般饲料水分低则容易贮存，而饲料水分过高会使饲料发热、发霉或变质，影响饲料质量。在我们南方地区贮存的风干饲料水分应严格控制在12%以下，防止霉变。湖羊机体的水一般来源于饮水、饲料水分和体内代谢水，其中代谢水是指湖羊体内碳水化合物、脂肪和蛋白质等有机物分解、合成过程中产生的水。

湖羊的饮水量与采食饲料的数量以及饲料中的成分、含水量密切相关，采食饲料干物质越多，饮水量就会越多。采食高蛋白质饲料或高盐日粮后，会导致排尿量明显增加，湖羊就会相应提高饮水量。随着饲料中含水量的增加，湖羊饮水量相应减少，如当饲料中水含量为10%时，湖羊采食1.0kg饲料（干物质计）需饮水大约4.0kg，水含量为70%时则降至1.7kg。环境温度和湿度也会显著影响湖羊的饮水量，高温高湿环境将增加湖羊的饮水量。在正常条件下，幼龄湖羊日饮水量需5.0～6.0kg；成年湖羊日饮水量7.0～8.5kg，泌乳期母羊日饮水量11.5kg左右。生产上应特别注意水的质量是影响湖羊饮水量和健康的重要因素之一，清洁卫生的饮水既能保障湖羊的健康，减少疾病发生，又可以提高湖羊的饮水量。

二、能量的需要量

能量是饲料的重要成分，也是动物生产性能的第一限制性营养物质，饲料的能量水平是影响生产力的重要因素之一。动物所需要的能量来自饲料，饲料中的碳水化合物、脂肪和蛋白质在动物机体内氧化分解后释放能量，合成动物脂肪、蛋白质等产品时消耗能量。饲料中所含的能量根据评定及转化方式不同分为总能、消化能、代谢能和净能。合理的能量水平，对保证湖羊的健康、提高生产力、降低饲料消耗具有重要作用。湖羊对能量的需要与其活动量、生理状况、年龄、体重和环境温度等诸多因素有关。

1. 羔羊对能量的需要

母乳的营养成分非常丰富，其中的能量可以很好地满足羔羊的生长发育；

对于实行早期断奶的羔羊多使用代乳粉，现有代乳粉的能量含量多是接近母乳甚至超过母乳，以便于蛋白质的吸收。

2. 育肥羔羊的能量需要

此阶段湖羊生长发育较快，其体内新陈代谢特点是同化作用强于异化作用。羔羊生长过程中的合成代谢需要消耗能量，能量水平是决定羔羊增重和体格正常发育的重要因素。

3. 妊娠母羊的能量需要

湖羊在配种期和母羊妊娠期都要求饲料中保持一定的能量水平。母羊妊娠期内能量水平过低或过高都不利于胚胎的正常发育。

4. 哺乳母羊的能量需要

母羊在泌乳期内随乳汁排出大量营养物质，为了维持泌乳，应不断供给充足的营养物质和能量来满足羊体内合成乳汁的需要，特别在母羊产羔后 4 ～ 6 周更是如此。据研究，能量代谢与蛋白质代谢是不能分开的，二者互相联系，互相制约，而且能量代谢还与各种维生素、微量元素有关。此外，不同的环境、不同的活动方式、不同的品种、不同的饲料来源等因素，都影响着能量的代谢。

总而言之，不同生产阶段的湖羊需要有相应的能量供给，并与蛋白质、维生素、矿物元素等相互精准配合，实现养殖的最佳目标。饲料能量供给不足将导致湖羊生产性能的降低，羔羊表现为生长迟缓、体质虚弱，甚至性成熟的延迟；妊娠母羊表现为所产羔羊体重减轻、体质变弱，母羊本身甚至发生妊娠毒血症；泌乳期母羊泌乳量减少、乳期缩短。对于种用湖羊公羊来说，能量供给不足将导致其繁殖力下降。当然，饲料能量供给过多同样对湖羊健康和生产性能造成不良后果，母羊摄入过多的能量会导致体内脂肪沉积增加、体躯肥胖，影响正常的繁殖功能及泌乳性能；种用公羊则因躯体肥胖可使性功能衰退，降低种用价值。

三、蛋白质的需要量

蛋白质是维持湖羊生命、生长和繁殖不可缺少的物质，必须由饲料供给。

饲料中含氮物质总称为粗蛋白质，可具体分为纯蛋白质（真蛋白质）和氨化物。饲料中的氨化物（如尿素）可被湖羊利用，具有与纯蛋白质同等的营养价值，故也可统称为粗蛋白质。蛋白质中包含有各种氨基酸，有些氨基酸在湖羊体内不能合成或合成速度慢，不能满足机体需要，必须由饲料供给，这类氨基酸叫必需氨基酸。湖羊瘤胃内微生物具有合成各种氨基酸的能力，所以其对必需氨基酸的要求就不像猪、禽那样严格。

目前已有多个国家和地区相继提出蛋白质新体系，并且在奶牛饲养中得到成功的应用。新蛋白体系的共同特点均是将反刍动物蛋白质营养需要量的估测从以前的粗蛋白质体系改进为以进入小肠的蛋白质数量为基础，小肠的蛋白质主要包括瘤胃非降解蛋白（UDP）、瘤胃中合成的菌体蛋白（MCP）以及少量内源蛋白。新体系的重点为：估测 MCP 的合成量；评定过瘤胃蛋白质；MCP及 UDP 在小肠中的消化率。这些新体系从不同角度弥补了传统体系之不足。

1. 羔羊及生长期湖羊的蛋白质需要量

在羔羊刚出生阶段，母乳中所提供的可消化粗蛋白可以满足羔羊的维持和生长需要。湖羊体重增长需要以蛋白质为原料，随着体重的增加而增长，到一定时期，母乳所提供的可消化粗蛋白已经不能满足羔羊的维持和生长需要，这就需要从饲料中不断供给蛋白质和必需氨基酸。

2. 妊娠期蛋白质的需要量

FARC（1998）建议，妊娠期的日粮中每天至少要提供 10g/MJ 的粗蛋白，才能最大限度地满足微生物合成 MCP 的需要。在妊娠初期，日粮中净蛋白含量达到 5.7g/MJ 时，才能满足瘤胃合成 MCP 的需要。在妊娠期的最后三周，母羊的能量需要量比较高，所以只要在日粮中添加 UDP 就能满足母羊对蛋白质的需要。

实际生产中，湖羊妊娠到第三个月时，对能量的需要较低，仅仅处于维持水平，日粮中蛋白质含量为 10g/MJ 时，就能满足母羊的需要。在妊娠中期，如果摄入的能量低于维持的水平，就必须向日粮中添加降解率低的蛋白或是添加过瘤胃保护蛋白，以保证母体蛋白不受损失。

3. 泌乳期的蛋白质需要量

处于泌乳期的湖羊体重有所下降，主要是因满足泌乳消耗所致。母羊自体组织转化为泌乳需要的利用率和日粮的蛋白质摄入量之间有着密切联系。在哺乳期的前 6 周内，母羊的体重会减少 4～8kg，蛋白质平均损失 800g，约占体蛋白的 10%。如果母羊对能量的摄入量能够满足哺乳的要求，每天提供 11g/MJ 的粗蛋白，可以保证母羊的泌乳量为 2kg；为了维持母羊较高泌乳量，必须由饲料中供给充分的蛋白质和氨基酸，才能保证较高的泌乳量以满足哺乳需要。

总而言之，蛋白质的营养实际上是氨基酸的营养。蛋白质是由氨基酸组成，其在湖羊体内代谢和营养也是以氨基酸的形式来体现，从小肠吸收的小肽、氨基酸用于动物机体组织蛋白质的更新、合成动物产品等。但当供给超过机体蛋白质更新和产品合成量时，氨基酸将用作氧化供能或转化为糖或脂肪。

由于植物饲料蛋白质与动物合成的蛋白质产品在氨基酸组成及比例上存在一定的差异，在猪、禽等氨基酸营养上有必需氨基酸、限制性氨基酸之说，反刍动物蛋白质营养中一般不认为有必需氨基酸、限制性氨基酸问题，但在高产奶牛饲养实践中已表明，提高小肠代谢蛋白质中赖氨酸、蛋氨酸的比例能显著提高奶牛的产奶量以及乳蛋白的产量。因此，对于高效养殖湖羊来说，以氨基酸为衡量指标的饲料蛋白质优化利用是值得深入研究的课题。

四、维生素的需要量

维生素对机体神经调节、组织代谢、能量转化都有重要作用。维生素一般划分为两大类：一类为脂溶性维生素，即溶解于脂肪，包括维生素 A、D、E、K 等；另一类为水溶性维生素，溶解于水，包括维生素 B 族和维生素 C 等。维生素不足可引起体内营养物质代谢作用的紊乱，特别是维生素 A、B、C、D、K，如严重缺乏，湖羊可能患眼病、皮肤病和软骨症等。生产上应补饲含维生素丰富的青贮饲料、胡萝卜等青绿多汁饲料，一般可弥补维生素的不足。

成年湖羊肠道微生物能合成维生素 K，而维生素 A、D、E 主要靠饲料供给，当饲料供给不足时往往引起相应的缺乏症。在低水平湖羊养殖中，不易引起缺乏症，一般不被重视，但高水平饲养湖羊时，应在日粮中及时补充。

1. 维生素 A

维生素 A 能促进细胞繁殖、保持器官上皮细胞的正常活动，维持正常视力，可由胡萝卜素转化而成。缺乏时，羔羊表现为生长发育受阻、下痢等；母羊则不易受胎，发生流产、胎衣不下，甚至发生蹄壳疏松、蹄冠炎等；公羊生殖功能减退，精子数量减少，活力下降，畸形精子增多等。缺乏维生素 A 还会导致湖羊视力下降，出现干眼症或夜盲症。所以在湖羊饲养中，不能忽视维生素 A 的供给。青绿饲料的胡萝卜素含量最多，为满足幼畜对维生素 A 的需要，应及早补给青绿饲料。湖羊对维生素 A 的需要量为日粮干物质中的含量在 1500 ~ 2000IU/kg。

2. 维生素 D

维生素 D 又称钙化醇。湖羊养殖中常用的是维生素 D_3，又称胆钙化醇。维生素 D 主要参与动物体内钙、磷代谢，促进钙、磷的吸收与转运，促进骨骼正常钙化，维持血液中钙、磷的正常水平。青绿饲料中不含维生素 D，但含有丰富的维生素 D 原（麦角固醇）。维生素 D 原经日光照射后转变为维生素 D_2，维生素 D_2 与 D_3 的效力相同。天然晒干的干草中均含有一定量的维生素 D_2。放牧绵羊在阳光下，通过紫外线照射可合成并获得充足的维生素 D；但对于圈养湖羊，当大量饲喂青贮饲料、谷物饲料、未经日晒的干草时，可能导致缺乏维生素 D，尤其是妊娠母羊、快速生长期羔羊易缺乏，应注意在日粮中补充。当维生素 D 缺乏时，往往导致骨骼病变，羔羊易患佝偻病，妊娠母羊易发软骨病、产前瘫痪。湖羊对维生素 D 的需要量为日粮干物质中的含量在 150 ~ 200IU/kg。

3. 维生素 E

维生素 E 又名生育酚，具有强大的抗氧化作用。母羊缺乏维生素 E，会造成不孕、流产或丧失生殖能力。公羊缺乏维生素 E，则精子品质下降，数量减少，无受精能力，甚至完全丧失功能。维生素 E 还具有提高胡萝卜素和维生素 A 吸收和利用的作用。谷实的胚和幼嫩青绿饲料中含较多的维生素 E，但加工过程中容易被氧化破坏，饲料中可用 DL-α-生育酚乙酸酯补充维生素 E。湖羊对维生素 E 的需要量为日粮干物质中的含量在 15 ~ 20 IU/kg。

4. 维生素 B 族及维生素 C

成年羊瘤胃微生物能合成维生素 B 族、维生素 K 和维生素 C，一般不缺乏。羔羊瘤胃微生物区系尚未完善，容易造成维生素 B_2 缺乏，需饲料供给。维生素 B_2 缺乏时，羔羊表现为食欲减退，生长发育受阻，还会影响羊毛再生，导致局部脱毛。青绿饲料、根菜、燕麦、大麦、玉米等籽实和麸皮中维生素 B_2 含量丰富。

五、矿物质的需要量

动物体内的元素可分为两大类：一类是以水、糖类、脂肪、蛋白质等物质形态存在的有机元素，如碳、氢、氧、氮；另一类是以盐形式或离子状态存在的无机元素，如钾、钠、钙、镁、磷、硫、硒、碘、钴等。动物营养学把无机元素称为矿物质或矿物元素。各种矿物质虽然仅为动物体重的 3% ~ 4%，但却是湖羊组织、细胞、骨骼、牙齿和体液的重要组成部分。一旦缺乏或过量均会引起神经系统、肌肉运动、食物消化、营养输送、血液凝固和体内酸碱平衡等功能紊乱，从而影响羊的健康、生长、繁殖和生产，严重可导致死亡。

动物体内的矿物质主要来源于秸秆、谷实等饲料，在低水平粗放养殖模式下，生长期湖羊、空怀及妊娠前期母羊一般能从草料、谷实等饲料中满足矿物质的需要，但养殖效益比较低下。生产上要求湖羊有较高的日增重及妊娠后期母羊健康，仅从草料、谷实等饲料中获取并不能满足对矿物质的需要，因此需要额外补充。

1. 钙和磷

钙和磷是构成骨骼的重要成分，主要以三钙磷酸盐的形式存在，骨骼中的钙占到了体内总钙含量的 99% 以上，骨骼磷占总磷含量的 85% 左右。湖羊骨骼中的钙、磷比为 2 : 1 左右，因此日粮中钙、磷比为 2 : 1 是最适宜的比例。日粮中的维生素 D 可以促进钙、磷的吸收、利用。缺乏钙、磷的羔羊骨骼生长会受到影响，甚至产生佝偻病，成年羊则易引起骨质疏松和骨骼变形。钙和磷的维持需要量主要与 DMI（干物质采食量）相关而不是与 BW（体重）相关。

钙的吸收消化率除 AFRC（1998）认为是 55% 外，其他体系均认为是 30%。磷的吸收消化率介于 65% ~ 75% 之间。

2. 钠和氯

食盐的组成成分就是钠和氯，钠和氯在动物体内对维持渗透压、调节酸碱平衡、控制水代谢起着重要的作用。钠是制造胆汁的重要原料，氯构成胃液中的盐酸参与蛋白质消化。食盐能刺激唾液分泌，促进淀粉酶的活动。缺乏钠和氯易导致消化不良、食欲减退、异嗜、饲料营养物质利用率降低、发育受阻、精神萎靡、身体消瘦、健康恶化等现象。湖羊的食性偏咸，生产实践中常用食盐来补充钠和氯，但建议食盐的添加量为日粮干物质的 0.4% ~ 0.6%。

3. 铜和钴

铜可促进铁进入骨髓，参与造血作用，同时还是形成血红蛋白必需的催化剂，可促进红细胞的形成，提高肝脏的解毒能力，促进骨骼的正常发育。在缺铜的地区，部分羊只会发生骨质疏松症，羔羊发生佝偻病。缺铜的地区可以补饲硫酸铜，但每千克饲料含铜量应控制在 250mg 以下，超过 250mg 时，会发生累积性铜中毒。钴是维生素 B_{12} 的主要组成部分。湖羊瘤胃微生物虽然具有合成维生素 B_{12} 的能力，但必须供给钴。湖羊缺钴时也表现为食欲下降、消瘦、贫血、母羊泌乳量降低、幼畜生长停滞、繁殖失常和生产力下降等。正规厂家生产的预混料饲料中都含有微量的钴，不必特意添加，确实需要添加时可以用氯化钴补充。

4. 铁和锌

铁参与形成血红素和肌红蛋白，保证机体组织氧和二氧化碳的运输。铁参与乳铁蛋白的生成，母乳中的乳铁蛋白可激活新生羔羊黏膜免疫，具有抗菌抗病毒作用，促进消化道双歧杆菌生长，预防新生羔羊腹泻。植物饲料中含有较丰富的铁，采食植物饲料的湖羊一般不会出现缺铁。缺铁多发于羔羊，其症状表现为生长缓慢、嗜睡、贫血、抗病力差、易腹泻等。一般可以用硫酸亚铁补充。湖羊对铁的需要量为日粮干物质中的含量在 70 ~ 100mg/kg。

锌是动物体内 300 多种金属酶和功能蛋白以及胰岛素的成分；对细胞分化起调节作用，如维持公羊睾丸的正常发育、精子形成，以及羊毛的正常生长；

维持动物免疫系统的完整性。缺锌症状表现为皮肤角质化不全症、易发皮炎、掉毛或啃毛、公羊睾丸发育缓慢、畸形精子多、母羊繁殖力下降。缺锌的地区可以用硫酸锌补充，湖羊对锌的需要量为日粮干物质中的含量在 60 ～ 80mg/kg。

5. 硫和硒

硫是保证瘤胃微生物最佳生长的重要养分，在瘤胃微生物消化过程中至关重要。硫缺乏与蛋白质缺乏症状相似，出现食欲减退，增重减少，毛的生长速度降低。此外，还表现出唾液分泌过多、流泪和脱毛或啃毛等异食癖症状。湖羊对硫的需要量为日粮干物质的 0.2% ～ 0.3%。在日粮中添加适量的硫酸钠是补充硫的有效途径，可提高饲料转化效率及湖羊的生产性能。

硒具有抗氧化作用，硒可维持动物正常的繁殖及免疫功能。尽管湖羊对硒的需要量很低，但缺硒现象依然普遍存在。硒与维生素 E 协同保护细胞的正常功能，硒可防止细胞膜脂质结构遭氧化破坏，而维生素 E 可抑制脂类过氧化物的生成，终止体脂肪的过氧化过程，稳定不饱和脂肪酸，保持细胞膜的完整性。缺硒羔羊易出现生长发育受阻，抗病力下降，严重的发生白肌病、肝坏死甚至突然死亡；母羊繁殖功能紊乱、多空怀和死胎；种公羊睾丸退化、精液质量下降。

湖羊日粮中可以用亚硒酸钠补充，也可用酵母硒等有机硒添加剂，对缺硒湖羊补饲亚硒酸钠的同时一般也补饲维生素 E。配种前母羊日粮中补充硒可提高母羊的排卵数及受胎率，促进湖羊多羔性能。在湖羊日粮中补充适量硒和维生素 E 有益而无一害。湖羊对硒的需要量为日粮干物质中的含量在 0.2 ～ 0.4mg/kg。

6. 其他

碘是甲状腺的成分，是调节机体新陈代谢的重要物质，对湖羊的健康、生长和繁殖均具有重要作用。碘缺乏则出现甲状腺肥大，羔羊发育迟缓、体质极度软弱，甚至出现死亡；妊娠母羊缺碘可导致胎儿发育受阻，出现弱胎或死胎。在日粮中添加适量的碘是避免缺碘症状出现的最好预防办法，可用碘化钾或碘酸钙预防。湖羊对碘的需要量为日粮干物质中的含量在 1.0 ～ 2.0mg/kg。在常规植物饲料原料中碘含量极低，因此，应在湖羊日粮中补充碘，以提高湖羊的生产潜力。

镁是骨骼组成成分，也是许多酶的成分，镁能维持神经系统的正常功能。湖羊体内镁储存量低，不同饲料原料中镁含量差异大，且吸收率较低。缺镁的典型症状是痉挛，表现为食欲不振，生长缓慢，过度兴奋，肌肉抽搐，心跳加快，重则死亡。湖羊对镁的需要量为日粮干物质的 0.10% ~ 0.15%。常规饲料中镁含量一般较丰富，能满足湖羊对镁的需要。若需要额外补充可用硫酸镁、氧化镁等。

锰是动物体内碳水化合物及脂肪的代谢正常进行所必需的物质，对于骨骼发育和繁殖都具有重要作用。缺锰会导致初生羔羊运动失调，生长发育受阻，骨骼畸形，成年湖羊繁殖力降低。建议在湖羊日粮中补充适量的锰，可以用硫酸锰补充。湖羊对锰的需要量为日粮干物质中的含量在 40 ~ 70mg/kg。

第二节　湖羊饲养标准

饲养标准是根据大量饲养试验结果和动物生产实践经验，对动物所需的各种营养物质进行定额供给所作出的规定，这种系统的营养定额及有关资料统称为饲养标准。标准中的各项指标均是通过大量饲养实验获得的数据，经统计学方法的科学处理，得到可靠、有代表性的结果，并经过了广泛的生产实践验证。饲养标准是现代化养羊不可缺少的技术指导，为日粮配制与单一饲料的利用提供科学依据，是提高营养素利用率，降低饲养成本的根本所在。采用国际通用的研究手段，经过试验、实践、验证、再完善的过程，制定我国肉羊不同生理阶段对营养素的需要量参数。饲养标准制定也是养殖与营养研究先进程度的标志。

农业部于 2004 年制定了《肉羊饲养标准》（NT/T 816—2004），规定了肉用绵羊和湖羊对日粮干物质进食量、消化量、代谢能、粗蛋白质、维生素、矿物质元素每日需要量值，并附以相对应的饲料成分表。该标准涵盖了肉羊饲养的多个方面，包括但不限于饲料和饲料添加剂的使用、兽药管理、饲养环境的要求、饲养人员的健康与培训及肉羊的饲养管理技术等。例如，规定了饲料和饲料添加剂应符合无公害食品畜禽饲料和饲料添加剂使用准则，兽药使用应遵循《中华人民共和国兽药典》和《无公害农产品兽药使用准则》规定，饲养人员应定期进行健康检查并接受专业培训等。该饲养标准在相当长时间内发挥了重要作用。

农业农村部于2022年批准发布了《肉羊营养需要量》（NY/T 816—2021）。《肉羊营养需要量》由中国农业科学院饲料研究所反刍动物营养与饲料团队刁其玉研究员主持，联合内蒙古自治区农牧业科学院、河北农业大学、新疆畜牧科学院、南京农业大学及山西农业大学等6个科研院所、高校参加制定，历时十年完成了我国第一个基于国产的主流羊只品种与饲料资源而制定的完整肉羊营养需要量标准。该标准文件代替NY/T 816—2004，与NY/T 816—2004相比，除结构调整和编辑性改动外，做了一些技术变化，增加了营养需要量、肉用绵羊、肉用山羊、净能、可消化粗蛋白质、代谢蛋白质、净蛋白质、中性洗涤纤维、酸性洗涤纤维等术语和定义，删除了粗蛋白质术语和定义，修改了总能、消化能、代谢能、干物质采食量术语定义；更改了肉用绵羊和肉用山羊的营养需量；更改了饲料原料成分及营养价值表等。该标准自2022年6月起实施，是我国肉羊产业第一个基于系统试验研究与生产实践制定的标准。该标准涵盖2612条营养需要量数据，覆盖肉羊全生命周期5个生理阶段；饲料数据库包含341种原料共计3513条营养素参数，成为目前世界上最大的肉羊饲料数据库。

新制定的标准在发布前分别在我国肉用羊的主产区如内蒙古、新疆、山东等地开展了上千万只羊的示范与应用验证，生产实践表明，利用新标准配制饲料的肉羊养殖效果显著好于国外同类标准，新制定的肉羊饲养标准更加符合我国肉羊品种的生产实际。

《肉羊营养需要量》的作用是指导肉羊生产，是规模化湖羊养殖实现高效率生产的重要理论依据。营养需要量的提出，使湖羊的科学饲养有据可依，日粮配制有章可循，克服了营养配制的主观盲目性。因此，在湖羊饲养实践中应力求符合肉羊营养需要量，坚持湖羊饲养标准的原则性。然而，肉羊营养需要量制定时受诸多因素影响，如肉羊的性别、年龄、生产水平、生理状态、生产目的、饲养条件、生产方式、饲料种类及配比等；可见肉羊营养需要量只是在设定条件下对某一特定群体的结果，因此，其本身具有一定的局限性。另外，动物生产实际的复杂性，也要求我们对肉羊营养需要量的使用既要坚持原则性，又要掌握一定的灵活性，不能把标准教条化、绝对化。当然，灵活性不是随意性，肉羊营养需要量所列不同饲料原料成分及营养价值存在一定的差别，其相互关系也显得错综复杂，肉羊营养需要量的灵活运用是以饲料原料营养科学为依据，以具体实践为根据的。有了理论依据和实际需求，各规模湖羊养殖场可以在生产实践中调整饲养标准不同的指标，提出不同的安全系数，使肉羊营养需要量更切合湖羊具体的生产实际，获得较好的养殖效果，取得满意的经济效益。

　　《肉羊营养需要量》中提出的肉羊各生产阶段每日营养需要量是相对合理的，应该给予充分肯定。但生产实践中，根据标准配制日粮的饲养结果与标准参数往往容易出现一定的偏差，其主要原因是饲料原料的营养成分以及不同饲料组合效应导致的。标准中附录的《饲料原料成分及营养价值表》中饲料数据库包含了341种原料，提出了每种饲料原料的干物质、有机物、粗蛋白质、粗脂肪、中性洗涤纤维、酸性洗涤纤维、粗灰分及钙、磷、总能、消化能、代谢能、可消化粗蛋白质、代谢蛋白质等参数。对于能量饲料、蛋白质饲料来说，这些参数基本不会有大的差异。但对于不同种类的粗饲料，尤其是对于区域性废弃作物秸秆来说，这些参数因收获阶段不同会产生较大的差异。湖羊是草食动物，粗饲料是其日粮中的主体成分，因此，影响饲养效果的权重更大。相对来说，在饲料成分及营养价值参数中影响饲养效果的主要参数是消化能，通俗地讲，就是饲料的消化率会有较大的不同。粗饲料的消化能不仅受饲料收获期的影响，而且也受不同饲料组合以及瘤胃发酵类型影响。如生长期收获的粗饲料因木质化程度低，枝叶齐全，肉羊瘤胃微生物对其易于消化，表现为消化能高。而成熟期收获的粗饲料消化能相对低些，譬如豆秸，收获时有较大部分易消化的叶子散落于田间，枝干的木质化程度高，最终影响豆秸的整体消化率。因此，在湖羊饲养实践中，应充分掌握饲料原料特性、反刍动物营养的基本原理及日粮配制技巧，灵活运用《肉羊营养需要量》，可降低湖羊的饲养成本，提高养殖效益。

第三节
湖羊日粮配制技术

日粮是湖羊一天所采食的饲草料总量。日粮配合就是根据湖羊的营养需要量和饲草料的营养特性，选择若干饲料原料按一定比例搭配，满足其营养需要的过程。科学配制日粮是养羊生产过程中的一个关键环节。尽管日粮配制可依肉羊营养需要量而得，但由于养羊生产的特点，造成一些不易控制的因素，因此配合饲料很难完全符合湖羊的营养需要。所以在生产上将日粮标准应用于主要生产环节如配种期、妊娠后期、哺乳早期、羔羊育肥期等，力求合理饲养，还应该针对各种不同影响因素，运用可以控制的日粮部分控制实际饲喂效果。

在湖羊养殖中饲料成本约占总成本的70%，这是影响湖羊养殖效益的主要因素，也是养殖企业挖掘内部潜力的最重要环节。规模湖羊养殖场开展湖羊日粮配方设计、优化配制工作是提高企业市场竞争力的重要抓手，在市场低迷时可保存实力、待机而发，而当市场回暖时即可获得高额利润。

由于各湖羊养殖场所利用的饲料原料、日粮的调制技术等并不完全一致，因此，并没有适用于所有湖羊场的通用日粮配方，每个湖羊养殖场必须因地制宜进行日粮配制。因此，每个湖羊养殖场要想获得日粮饲料成本最低、饲养效果最好，必须根据各自羊场的实际情况，以《肉羊营养需要量》为基础，设计湖羊各生产阶段的日粮配方，通过饲养效果测定，结合反刍动物营养科学知识，不断完善各生产阶段的日粮配方，逐渐建立适合本羊场的日粮配方及日粮加工技术，实现湖羊精细化饲养，以获得最佳的饲养效果和经济效益。

一、湖羊日粮配制的原则

首先，肉羊营养需要量是进行饲草料配制的依据，配制饲草料时应保证供给羊只所需的各种营养物质。但营养需要量是在一定生产条件下制定的，应通过实际饲养效果灵活运用，根据各地具体条件对营养需要量进行必要的修正和补充。其次，要考虑湖羊的生理特点和饲料的多样性、适口性，以及当地的饲料来源，尽量做到饲料的多样搭配，这样既可促进湖羊的食欲，又可在营养成分上得到互补。湖羊日粮配制可遵循如下原则。

1. 营养性原则

配合日粮时，必须以肉羊营养需要量为依据，并结合不同生产条件下湖羊的生长情况与生产性能状况灵活应用。若发现日粮中的营养水平偏低或偏高，要及时调整，既要满足湖羊所需营养又不至于浪费。应注意饲料的多样化，尽可能将多种饲料合理搭配使用，以充分发挥各种饲料的营养互补作用，平衡各营养素之间的比例，保证日粮全价性，提高日粮中营养物质利用效率。不论是粗料还是精料，切忌品种单一，尤其是精料。湖羊的日粮应以青饲料、粗饲料、青贮饲料、精料及各种补充饲料等加以合理搭配使用，既要有一定容积，湖羊采食后具有饱腹感，又要保证有适宜的养分浓度，保证每天采食的饲料能满足所需营养。

2. 经济性原则

湖羊是反刍动物，可大量使用青粗饲料，尤其是可以将农作物秸秆处理后进行饲喂，湖羊对日粮中蛋白质的品质要求也不高。因此，配合日粮时应以青粗饲料为主，再补充精料等其他饲料，尽量做到就地取材，充分合理地利用当地来源广泛、营养丰富、价格低廉的牧草、农作物秸秆和农副加工产品等饲料资源，以降低生产成本。

（1）充分利用青粗饲料

青粗饲料种类多、来源广，生产上应该把青粗饲料作为湖羊日粮的主要饲料。青饲料包括野青草、青割饲草、嫩树枝、水生饲料和青贮饲料等，这些青饲料含有较多的粗蛋白质，且含有丰富的维生素和矿物质，适口性好，消化率高，对湖羊的健康有良好的作用，是湖羊喜欢吃的饲料。

粗饲料主要指成熟后的农作物秸秆、笋壳和老树叶等，主要特点是含粗纤维多，一般在 20% ~ 30%，虽然对猪、禽等单胃动物营养价值不大，但对湖羊来说，利用率却很高。因为湖羊能通过瘤胃里的微生物把粗纤维转化成可以消化利用的成分，所以应当把粗饲料作为湖羊的基础饲料，它不仅能供给湖羊营养，还能够满足其饱腹感。不过粗饲料在日粮中的比重不宜过大，以不超过 30% 为宜，否则湖羊采食量和日增重会逐渐降低。

（2）合理搭配其他饲料

除了充分利用青粗饲料外，还可利用胡萝卜、瓜类和蔬菜等多汁饲料饲喂湖羊，因其汁多、易消化，是怀孕、哺乳母羊，特别是羔羊的优质饲料。精饲料体积小，纤维少，消化率高，主要包含两类：一类如玉米、黄豆和豌豆等籽实饲料；另一类如糠麸、豆腐渣和菜籽饼等加工副产品。

在青粗饲料营养满足不了需要时，特别是对于怀孕后期、哺乳期的母羊及配种期的公羊，精饲料是良好的补充饲料，同时还要补充食盐、碳酸钙、磷酸钙、贝壳粉和石灰石等矿物质饲料。因食盐含氯和钠，湖羊吃后能增进食欲，促进血液循环和消化、增膘，每天应该饲喂一定的食盐，用量为成年羊每天 10g 左右，但如喂量过多，会导致湖羊中毒，甚至死亡。

（3）补充特殊饲料——尿素

尿素含氮量约为 45%，也是湖羊很好的特殊补充饲料。饲喂尿素成本低、效果显著，可促进湖羊的生长，当湖羊采食尿素后，瘤胃内的微生物能将尿素分解出来的氨合成菌体蛋白质。饲喂量为湖羊体重的 0.02% ~ 0.03%，虽然尿素对湖羊有效，但也只能解决日粮中蛋白质的不足，而不能代替日粮中全部蛋白质。

尿素的饲喂法：用少量温水溶解尿素，将其拌在切短的饲料里，随拌随喂。用尿素饲喂湖羊，如果使用不当也会起反作用，甚至会造成中毒死亡，因此饲喂时应特别注意：羔羊的瘤胃发育不全，不能饲喂尿素；青年羊可以少喂，但是体弱的羊应少喂或不喂。喂羊要严格按规定用量，开始喂量约等于规定用量的 10%，逐渐增加，10 ~ 15 天才增加到规定用量，切记不可超过用量，以免中毒。尿素吸湿性大，既不能单独饲喂，又不能放在水里饮用。即使拌在饲料混喂后1h 内也不能饮水，否则容易引起中毒。喂尿素过程不要间断，若间断后再喂，必须重新从小用量开始饲喂，再循序渐进。

3. 适口性原则

湖羊的采食量与饲料的适口性有直接关系。日粮适口性好，可增进湖羊的食欲，提高采食量；反之，日粮适口性不好，湖羊食欲不振，采食量下降，不利于湖羊的生长，达不到应有的增重效果。因此，在一些适口性较差的饲料中加入调味剂，可使适口性得到改善，增进湖羊食欲。

4. 安全性原则

随着无公害食品和绿色食品产业的兴起，消费者对肉类食品的要求越来越高，希望能购买到安全、无公害、绿色的羊肉食品。因此，配合日粮时，必须保证饲料的安全可靠。选用的原料应质地良好，保证无毒、无害、无霉变、无污染。在日粮中不要添加抗生素类药物性添加剂。养羊场应树立良好的食品安全意识，对国家有关部门明令禁用的某些兽药及添加剂坚决不予使用。

二、日粮配制步骤

1. 明确目标

日粮配制第一步是明确目标，不同的目标对配方要求有所差别。例如体重20kg育肥羊配制饲料，假设预期日增重为0.3kg。

2. 确定肉羊的营养需要量

从《肉羊营养需要量》（NY/T 816—2021）中查得20kg肉用绵羊生长育肥公羊、日增重0.3kg的营养需要量（表6-1）。

表6-1　育肥公羊营养需要量

体重（kg）	日增重（kg/d）	干物质采食量（kg/d）	代谢能（MJ/d）	粗蛋白（g/d）	钙（g/d）	总磷（g/d）
20	0.3	0.95	10.5	133	8.6	4.8

注：其他营养指标略。

3. 选择饲料原料并确定其营养成分含量

根据当地资源选择饲料原料，查出其营养成分，并把风干或新鲜基础养分含量折算成绝干基础养分含量。假定粗料选用青干草、桑叶，精料选用玉米、豆粕等，其营养成分含量见表6-2。

表6-2　饲料营养成分含量

原料	干物质（%）	干物质中			
		代谢能（MJ/kg）	粗蛋白（%）	钙（%）	磷（%）
玉米秸秆（CP＞5%）	91.90	7.13	8.0	0.68	0.17
花生秸秆（CP＞10%）	91.50	7.45	10.10	0.94	0.14
玉米	88.80	13.40	8.53	0.07	0.23
豆粕	91.63	12.43	45.27	0.27	0.54

4. 草拟饲料配方

（1）确定粗料比例及采食需要量

根据肉羊饲养阶段和育肥要求，确定精粗料比例及采食需要量。表6-1可知，20kg日增重0.3kg的育肥羊干物质日采食量为0.95kg，粗料在这个阶段占采食量的40%左右，按40%确定，配合后的粗料日采食量为0.38kg，其中，青干草0.15kg，花生秸秆0.23kg。

（2）计算粗料营养水平及需要的精料营养水平

根据原料营养成分含量进行计算，精料补充料所需提供的某养分总量＝饲料标准养分需要量－粗饲料所提供的养分总量，结果见表6-3。

表6-3　粗饲料营养成分含量

原料	用量（kg）	干物质（kg/d）	代谢能（MJ/kg）	粗蛋白（g/d）	钙（g/d）	磷（g/d）
玉米秸秆	0.16	0.15	1.07	12.00	1.02	0.26
花生秸秆	0.25	0.23	1.71	23.23	2.16	0.32
合计	0.41	0.38	2.78	35.23	3.18	0.58
营养需要		0.95	10.5	133	8.6	4.8
精料需要量		0.57	7.72	97.77	5.42	4.22

5. 草拟精料混合料配方

按精料原料及精料采食量试配精料中各原料用量，并计算其营养成分含量，与精料需要量对比，直至接近，结果见表6-4。

表 6-4　草拟配方及营养成分含量

原料	用量（kg）	干物质（kg/d）	代谢能（MJ/kg）	粗蛋白（g/d）	钙（g/d）	磷（g/d）
玉米	0.50	0.44	5.90	37.53	0.31	1.01
豆饼	0.14	0.13	1.62	58.85	0.35	0.70
合计	0.64	0.57	7.51	96.38	0.66	1.71
精料需要量		0.57	7.72	97.77	5.42	4.22
相差		0.00	-0.21	-1.39	-4.76	-2.51

6. 调整配方（试差法）

（1）计算

配方拟好之后进行计算，计算结果和饲养标准比较，如果差距较大，应进行反复调整，直到计算结果和饲养标准接近。

（2）补充矿物质饲料

首先考虑补磷。根据需要补充磷，然后再用单纯补钙的饲料补钙。食盐的添加量一般按饲养标准计算，不考虑饲料中含量。

（3）微量元素、维生素和其他添加剂

其添加一般使用预混料并按照商品说明进行补充，也可自行额外配制。

7. 列出日粮配方和精料混合料配方

将配好的配方转换为风干基础及百分含量，并进一步调整为精料混合料配方，结果见表 6-5 和表 6-6。

表 6-5　日粮配方与营养成分

原料	日粮组成（kg/d）	日粮配比（%）	营养成分	日粮采食量
玉米秸秆	0.16	14.95	干物质（kg/d）	0.97
花生秸秆	0.25	23.36	代谢能（MJ/kg）	10.29
玉米	0.50	46.73	粗蛋白（g/d）	131.61
豆饼	0.14	13.08	钙（g/d）	8.60
食盐	0.01	0.93	磷（g/d）	4.80
添加剂	0.01	0.93		
合计	1.07	100.00		

表 6-6　精料混合料配方与营养成分

原料	日粮组成（kg/d）	日粮配比（%）	营养成分	日粮采食量
玉米	0.50	75.76	干物质（kg/d）	0.57
豆饼	0.14	21.21	代谢能（MJ/kg）	7.51
食盐	0.01	1.52	粗蛋白（g/d）	96.38
添加剂	0.01	1.52	钙（g/d）	5.42
合计	0.66	100.00	磷（g/d）	4.22

三、日粮配制的注意事项

1. 原料中营养成分确定

原料中的干物质、粗蛋白、钙、磷含量可以通过实测值来确定，但消化能只能以标准中提供的参数为基础或通过消化试验以及饲养效果来评估，日粮消化能的确定是配方设计中的重点和难点，也是日粮精准设计、实现湖羊精细化养殖的关键要点。

2. 日粮中各种营养素的均衡供给

日粮配方设计的目的就是在确定湖羊生产阶段、生产目标的条件下确保其消化能、粗蛋白、钙、磷等养分的均衡供给，确保湖羊健康生长。在湖羊养殖中，过高的粗蛋白供给量不仅增加饲料成本，而且将加重湖羊对剩余蛋白质代谢的负担，影响湖羊健康。

3. 日粮中能量的供给

生产实践中在确定湖羊生产阶段、生产目标的条件下，根据气候环境酌情增减日粮的消化能值，如夏季适用的日粮配方，到了冬季饲用，就会出现日粮消化能不足的问题，因此，设计冬季湖羊日粮时应增加消化能值，尤其是冬季的高海拔地区或北方地区，建议冬季比夏季日粮增加 10% 左右的消化能是必要的。

4. 日粮中钙和总磷的供给

对于湖羊来讲，日粮中钙磷的比例在（1 ~ 3）：1 的范围内是适宜的。健康的湖羊一般不会因钙过高而引发尿道结石的问题，当公羔出现尿道结石时，一般以日粮中同时饲用国产 DDGS（发酵副产物）、花生藤、预混料或高精料时多见，因此，并不能排除饲料中的霉菌毒素或瘤胃偏酸等其他因素对湖羊泌尿系统的直接或间接慢性损害。在设计日粮磷供给时应尽量少用磷酸氢钙等无机磷，以减少粪中磷对环境的污染，可以多用些米糠、菜粕、高丹草等含植酸磷较高的饲料原料。

5. 其他方面主要事项

在高温季节或高温地区，湖羊的采食量有所下降，在配制饲草料时应减少粗饲料含量，以平衡生理需要；同时可适当使用抗高温添加剂，如维生素 C、氯化钾、某些复合酶制剂、瘤胃素、酵母培养物及板蓝根、黄芪等中草药，均有很好的缓解效果。另外，配制饲草料时，若蛋白质饲料不足，可用尿素来提供部分蛋白质的需要量，其用量一般为日粮干物质量的 1% ~ 1.5%，且必须严格遵照尿素的饲喂法进行饲喂，以确保效果和防止尿素中毒。

第四节
湖羊全混合日粮配制技术

全混合日粮（total mixed ration，TMR）技术是根据反刍动物不同生长发育阶段和生产目的的营养需要标准，即反刍动物对能量、粗蛋白质、粗纤维、矿物质和维生素等营养素的特定需要，采用饲料营养调控技术和多饲料搭配的原则，用专用的搅拌机将各种粗饲料、精饲料及饲料添加剂进行充分混合加工而成的营养平衡的日粮。从形态上来讲可以分为两类：一类是含水量相对较高的粉状散料，属经典 TMR；另一类是颗粒状 TMR。TMR 饲养技术最早在奶牛生产上应用，技术已经非常成熟。当前反刍动物产业主推的肥羔生产技术、当年产羔当年出栏技术、杂交育肥技术和精准饲养技术等需要成熟 TMR 饲养技术支撑。

一、全混合日粮技术的优势

牛羊等反刍动物都具有一定的挑食性，传统的精粗分饲、混群饲养的养殖模式，尽管设计了一个科学合理的日粮配方，但难以达到预期的饲养效果。粗料自由采食，精料限量饲喂，饲喂的随意性较大，日粮组成不稳定且营养平衡性差，瘤胃 pH 值变化幅度大，破坏了瘤胃内消化代谢的动态平衡，不利于粗纤维的消化，导致饲料利用率低，粗饲料浪费严重，生产水平比较低下，不同程度上造成了反刍动物生长缓慢、饲养周期长、生产成本高、商品化程度低且产品质量比较差等突出问题，不适应现代畜牧业集约化规模生产和产业化发展的需要。

TMR 饲料是应用现代营养学原理和技术调制出来的能够满足湖羊相应生长阶段和生产目的营养需求的日粮，能够保证各营养成分均衡供应，实现饲养的科学化、机械化、自动化、定量化和营养均衡化，克服传统饲养方法中的精粗分饲、营养不均衡、难以定量和效率低下等问题。TMR 饲养方式与传统的饲养方式相比，避免了传统饲养方式挑食、摄入营养不平衡的缺点，可以使瘤胃 pH 值更加趋于稳定，有利于微生物的生长繁殖，改善和增强了瘤胃功能，降低了消化和代谢疾病的发病率。另外，TMR 饲料还可以降低适口性较差饲料的不良影响，某些利用传统方法饲喂适口性差、转化率低的饲料，如鱼粉、棉籽饼、糟渣等经过 TMR 技术处理后适口性得以改善，有效防止湖羊挑食，在减少了粗饲料浪费的同时进一步开发饲料资源，提高干物质采食量和日增重，降低饲料成本。

TMR 饲料的优势具体体现在以下几方面。

1. 使用 TMR 技术，提高养殖效益

有研究表明，肉羊饲喂 TMR 饲料与常规饲喂相比，可显著提高肉羊的生产性能。在 TMR 与传统精粗分饲技术效果对比试验中发现，TMR 试验组饲养效益极显著优于传统精粗分饲组；TMR 试验组肉羊 150 天的每只平均净收益为 173.27 元，对照组肉羊则为 95.69 元，TMR 试验组肉羊比对照组肉羊每只平均

多增收 77.58 元，提高了 81.07%。

2. 使用 TMR 饲养技术，提高健康状况

营养与抗病力紧密相关，均衡全面的营养能够保障和提高湖羊的抗病力，TMR 饲料充分满足了的湖羊的营养需求，在保障羊群健康水平方面显示出良好的效果。有研究者对比了 TMR 与传统精粗分饲技术的试验效果，结果显示妊娠母羊采用 TMR，较精粗分饲的传统饲养方式流产率降低 1.0% ~ 2.8%，羔羊成活率提高 2.3% ~ 3.0%。

3. 使用 TMR 饲养技术，提高劳动效率

TMR 饲料加工过程中的粗饲料切碎、混合和卸料等环节均由机械操作，运转过程定时进行，一般 0.5h 即可完成 TMR 制作。喂料环节使用电动撒料车，一个 3000 头规模场可以在 3h 左右时间完成日粮的加工和喂料工作，确实大大提高了劳动效率。

4. 使用 TMR 饲养技术，是现代化羊场发展需要

TMR 饲养技术是现代化、规模化羊场实现标准化饲养的新型生产模式，是我国肉羊产业转型升级的必然趋势，也是未来肉羊产业可持续和健康发展的关键技术，具有广阔的应用前景。

二、全混合日粮（TMR）的配制技术

1. 选择合适的饲养标准配制日粮

TMR 日粮配方的设计是建立在原料营养成分准确测定和不同阶段肉羊的饲养标准明确基础上的，因此要选择一个最适的饲养标准（《肉羊营养需要量》），同时根据羊场实际情况，要考虑肉羊的类别、胎次、妊娠阶段、体况、饲料资源及气候等因素进行干物质采食量预测及日粮设计，制定科学合理的饲料配方。

2. 定期测定饲料原料营养成分

TMR 由计算机进行配方处理，要求输入准确的原料成分含量，客观上需要经常调查并分析原料营养成分的变化，尤其是饲料原料中干物质含量和营养成分由于受产地、品种、收获时间、加工处理方式等影响而有变化、个别指标甚

至变化比较大，常导致实配饲料的营养含量与标准配方的营养含量存在一定差异。为避免差异太大，有条件的羊场应定期抽样测定各饲料原料养分的含量。青贮类型或质量有变动应进行即时分析以确保 TMR 饲料配方的准确性。

3. 日粮饲料的质量监控

TMR 饲料质量的好坏，关键是做好日常的质量监控工作，包括水分含量、搅拌时间、细度和填料顺序等，其中原料水分是决定 TMR 饲喂成败的重要因素之一，水分含量直接影响 TMR 饲料配制时精粗饲料的分离程度，进而影响瘤胃内 pH 值的变化，间接影响瘤胃内纤毛虫数和酶活力的变化。TMR 日粮要求水分在 40% ~ 50%。当原料水分偏低时，制作 TMR 时需额外添加一定量的水分，否则精料难以黏附于粗料上，易使精粗饲料分离。TMR 的水分含量一般可以通过各种原料成分测定得到控制。在实际生产中可用手握法简单判定 TMR 水分含量是否合适，即紧握不滴水，松开手后 TMR 蓬松且较快复原，手上湿润但没有水珠渗出则表明含水量较为适宜（此时一般含量在 45% 左右）。

4. 饲料原料的准确称量和顺序投料

生产 TMR 饲料前，每批饲料原料添加须进行记录、存档。各原料的投放量必须根据设计配方精准称量、投放，否则会出现俗称的"第二个配方日粮"，导致原来科学设计的日粮配方的营养价值降低。TMR 原料的投放顺序和混合搅拌时间也会影响 TMR 的混合均匀度，应严格贯彻 TMR 制作时的原料投放的基本原则。

5. TMR 饲料搅拌细度的控制

搅拌细度可用宾州筛或颗粒振动筛进行测定。测定日粮样品时，顶层筛上物料重应占样品重的 6% ~ 10%，且筛上物不能有长粗草料。测定料脚时，检测结果与采食前的检测结果差值不超过 10%，如超过则说明湖羊出现了挑食现象，俗称"第三个配方日粮"，应在 TMR 日粮水分过低、干草过长、搅拌时间等方面找到原因并加以解决。测定 TMR 颗粒细度也是确定适宜搅拌时间的关键指标。

6. 原料预处理和搅拌方法

大型草捆应提前散开，牧草铡短、块根类要冲洗干净，部分种类的秸秆等应在水池中预先浸泡软化等，这些均有助于后续的加工处理。搅拌时要注意原料的准确称量，掌握正确的填料顺序，一般立式混合机是先粗后精，按"干草—青贮—精料"的顺序添加混合。在混合过程中，要边加料加水边搅拌，待物料全部加入后再搅拌 4 ~ 6min。如采用卧式搅拌车，在不存在死角的情况下，可采用先精后粗的投料方式。在原料添加过程中，要防止铁器、石块、包装绳等杂质混入而造成搅拌机的损坏，甚至混入饲料引起湖羊消化道的损伤。

7. 搅拌的时间要适时控制

搅拌时间太短导致原料混合不均匀，时间过长容易使 TMR 太细，有效纤维不足，使瘤胃 pH 值降低，可能造成营养代谢病发生。因此要在加料的同时进行搅拌混合，最后批次的原料添加完后再搅拌 4 ~ 6min 即可。搅拌时间要根据日粮中粗料的长度适当调整，比如粗料长度小于 5cm 时搅拌时间适当缩短。通过 TMR 搅拌机的饲料原料的细度也要控制合适，一般用宾州筛测定，顶层筛上的物重应占总重的 6% ~ 10%，生产中可根据实际情况做适当调整。

8. TMR 饲料品质的鉴定

TMR 饲料的品质好坏一般需要有经验的技术人员进行鉴定。从外观上看，精粗饲料混合均匀，精料附着在粗料表面，松散而不分离，色泽均匀，质地新鲜湿润，无异味，柔软而不结块。在实际生产中，技术人员要定期检查 TMR 饲料的品质，首次饲喂时做好饲料过渡期的新旧料调整工作，确保 TMR 饲料的饲喂效果。同时要加强饲喂科学管理，注重细节，比如妊娠前后的采食量、充足供应饮水等。

三、全混合日粮饲料制作的设备选型

目前，国内外使用的 TMR 搅拌机大部分是针对奶牛设计的，包括立式 TMR 搅拌机、卧式 TMR 搅拌机、牵引式 TMR 搅拌机、自走式 TMR 搅拌机和固定式 TMR 搅拌机等。由于国内针对羊使用的 TMR 搅拌机研究较少，所以一些奶牛用的 TMR 搅拌机也可以应用到羊生产上来，并取得了令人满意的效果，特别是在规模生产上应用逐渐增多。对 TMR 搅拌机进行选择时，要充分考虑设备的各种耗费，包括节能性能、维修费用、售后服务及使用寿命等因素，还应根据羊场规模、日粮种类、机械化操作水平和混合均度要求等进行选择。日常使用中要做好机器日常的保养和维护工作,避免超时间和超负荷使用。

四、常规 TMR 饲料加工应注意的问题

1. 完善饲养标准,建立常用饲料营养参数数据库

日粮配方的设计是建立在原料营养成分准确测定以及不同生产阶段饲养标准明确的基础上,而我国目前所用的肉羊饲养标准中的营养需要参数与各品种的种质特性存在一定的差异,而饲料原料中干物质含量和营养成分也常有变化,个别指标甚至变化很大。因此,常导致实配 TMR 饲料的营养含量与标准配方的营养含量存在一定的差异。所以有条件的养殖场应定期抽样测定各饲料原料养分的含量,并通过饲养效果测定,调整各生产阶段的营养需要参数,不断完善符合各自羊场生产特点的饲养标准。

2. 控制适度的 TMR 水分

TMR 水分是确保 TMR 饲料质量的关键因素,也是影响饲喂效果的重要因素,水分过低或过高,均影响干物质采食量。适度的水分含量可改善 TMR 的适口性并促进采食,提高饲料利用率和羊的生产性能。因此,在调制 TMR 过程中要高度重视 TMR 中的水分含量。应根据不同季节调整 TMR 中的水分含量,建议春秋冬季节的 TMR 水分含量以 40% ~ 50% 为宜,夏季的 TMR 水分含量可略高些,但无论环境条件如何,使精料均匀黏附于粗料表面是判别适宜水分含量的基本准则。

3. 注意原料的准确称量,掌握正确的投料顺序

原料要准确称量,在实际生产中要求操作员工认真执行。投料顺序也会影响 TMR 的混合均匀度,立式搅拌机一般是先粗后精,按"干草—青贮(湿料)—精料"的顺序投料混合;在混合过程中,要边投料(加水),边搅拌,待物料全部加入后再搅拌 5 ~ 7min。卧式搅拌车(机)可采用先精后粗的投料顺序。

4. 进行原料的去杂等预处理

在原料添加过程中,要防止铁器、石块和包装绳等杂质混入,以免造成

搅拌机损坏。大型草捆应提前散开，用粉碎机或铡草机进行适度处理，可提高TMR 搅拌机的工作效率；如用粉碎机预处理，可选用筛孔直径为 1.0～1.5cm 的筛网，粉碎效率高、草粉长度适中，还有部分种类的秸秆等可预先加水进行软化。

5. TMR 饲料外观品质优劣鉴别

从外观上看，精粗饲料混合均匀。精料附着在粗料的表面，松散而不分离，色泽均匀，质地新鲜湿润，无异味，柔软而不结块。在实际生产中，技术人员要定期检查 TMR 饲料的品质。

五、TMR 饲养技术应注意的事项

1. 饲养方式的转变应有一定的过渡期

由常规精、粗料分饲转为自由采食 TMR 饲料，应有一定的适应过渡期，使湖羊采食平稳过渡，以避免由于采食过量而引起消化疾病或酸中毒。

2. 保持自由采食状态

TMR 饲料可以采用较大的饲槽，也可以不用饲槽，而是在圈舍外过道靠近围栏的地方修建凹槽放置饲料，将 TMR 日粮置于凹槽内，供湖羊随意进食。

3. 注意采食量及体重的变化

在使用 TMR 饲料饲喂时，在泌乳的中期和后期可通过调整日粮精、粗料比来控制体重的适度增加，以达到最佳的饲养效果。

4. TMR 的营养平衡性和稳定性要有保证

在配制 TMR 饲料时，饲草质量、准确计量、饲草原料水分含量、混合机的混合性能及 TMR 的营养平衡性要有一定的保证。

5. 对技术人员也有一定的要求

全场需要根据湖羊的不同生理阶段、生产性能进行分群饲喂，每一个群体的日粮配方各不相同，需要分别进行配方设计，确保每一湖羊群体的营养需要。这就要求羊场技术人员工作热情高，责任心强。

TMR 颗粒饲料是根据不同时期反刍动物对能量、蛋白质、矿物质和维生素等多种营养素的需要，把物理加工处理后的粗饲料、精饲料和各种饲料添加剂按比例混合搅匀后加工制粒而成，具有营养均衡、适口性好、节省人工和安全可靠等优点。随着反刍动物集约化程度不断提高，传统粗放式养殖模式的弊端开始显现，饲料营养精准化与饲喂操作便捷化的 TMR 颗粒饲料逐渐受到人们的重视。

一、TMR 制粒对反刍动物生长影响

1.TMR 制粒对反刍动物采食量的影响

动物通过采食行为获取营养，营养物质的摄取量可以用采食量衡量，食物在胃肠道内的充盈度以及胃肠道收缩与排空的压力变化都会被胃肠道内的机械感受体捕获，并将这些信息通过神经组织反馈至饱中枢影响动物采食行为。研究发现，给小尾寒羊饲喂玉米秸秆颗粒型饲料，其采食量较粉碎料提高35.7%，颗粒型 TMR 占容小，动物肠道压力受体紧张度低；食物过瘤胃速率提高，减少反刍时间。瘤胃酸中毒是反刍动物常见营养代谢疾病，酸中毒是由于反刍动物采食精饲料后，大量碳水化合物被乳酸菌利用产生乳酸，从而导致瘤胃内 pH 值降低，当瘤胃 pH 值降到 5.5 以下时，瘤胃蠕动以及唾液分泌受抑制，反刍行为停止，采食量下降、粪便异常等，最终导致生产性能降低。研究发现，采食 TMR 颗粒料会增加动物咀嚼时间进而增加唾液与食物混合时间，有助于维持瘤胃内环境稳定。

2. TMR 制粒对营养物质瘤胃降解率的影响

传统反刍动物营养是以实现瘤胃发酵最大化为目标，以期瘤胃微生物为反

刍动物生长提供更多的挥发性脂肪酸和菌体蛋白。但对于高产动物（高产奶牛、肉牛羊育肥后期）仅靠瘤胃微生物发酵无法满足其自身营养需要，过瘤胃技术尤其对蛋白质和某些功能性营养物质进行过瘤胃保护显得十分重要。有研究报道，饲料熟化后可增加过瘤胃率。淀粉因加热变性呈凝胶状从而增加蛋白质与淀粉联结强度，故而降低蛋白质在瘤胃内的降解率，使饲料蛋白的过瘤胃率增加。有研究利用尼龙袋法分别测定蛋白粉料和蛋白颗粒料在瘤胃中蛋白质的降解率，发现蛋白粉料瘤胃降解蛋白（RDP）为 54.3%，过瘤胃蛋白（RUP）为 45.7%；蛋白颗粒瘤胃降解蛋白（RDP）为 36.4%，过瘤胃蛋白（RUP）为 63.6%，说明饲料制粒有利于蛋白质的过瘤胃保护。有学者研究发现，制粒后的胆碱（硅载体型胆碱与油脂混合制粒）在瘤胃 2h 内降解率为 10%，而未经处理的胆碱几乎完全消失，说明制粒处理对胆碱起保护作用。

二、TMR 颗粒饲料饲喂反刍动物的优势

在饲料原料中尤其是干草和作物秸秆都存在寄生虫及虫卵，倘若未经加工直接饲喂，大大增加反刍动物感染疾病的风险。TMR 日粮制粒过程中高温高压的环境，可以将多数寄生虫或虫卵杀死，并且消灭大部分致病细菌，减少反刍动物染病的风险。作物秸秆不同部位的适口性和营养成分不尽相同，反刍动物会选择性挑选适口性较好的部位，造成饲料资源的浪费；TMR 在配制过程中，可能因搅拌不匀造成部分营养物质没混匀，这两种情况下均易造成反刍动物营养摄入不均衡。饲喂全价颗粒饲料不仅减少择食现象，还能保证营养物质全面摄入，反刍动物的采食量较大，粗饲料的需要量也多，未加工的作物秸秆体积大且密度小，运输和饲喂都极为不便，加工成颗粒后原饲料密度增大，贮存空间减少，饲料状态更稳定，饲养员在饲喂过程中操作更简便。

三、羊用 TMR 颗粒饲料的优点

TMR 颗粒饲料能够保证各营养成分均衡供应。TMR 颗粒饲料各组分比例适当，混合均匀，反刍动物每次吃进的 TMR 干物质中，含有营养均衡、精粗比

适宜的养分，瘤胃内可利用碳水化合物与蛋白质分解利用更趋于同步，有利于维持瘤胃内环境的相对稳定，使瘤胃内发酵、消化、吸收和代谢正常进行，因而有利于提高饲料利用率，减少消化道疾病、食欲不良及营养应激等，有利于充分利用当地的农副产品和工业副产品等饲料资源。某些利用传统方法饲喂适口性差、转化率低的饲料，如棉籽粕、糟渣等经过颗粒处理后适口性得到改善，有效防止羊挑食，可以提高干物质采食量和日增重，降低饲料成本。

TMR 颗粒饲料便于应用现代营养学原理和反刍动物营养调控技术，有利于大规模工厂化饲料生产，制成颗粒后有利于贮存和运输，饲喂管理省工省时，不需要另外饲喂任何饲料，提高了规模效益和劳动生产率。同时减少了饲喂过程中的饲料浪费、粉尘等问题。采食 TMR 颗粒的反刍动物，与同等情况下精粗料分饲的动物相比，其瘤胃液的 pH 值稍高，因而更有利于纤维素的消化分解。调制和制粒过程中产热破坏了淀粉，使得饲料更易于在小肠消化。颗粒料中大量糊化淀粉的存在，将蛋白质紧密地与淀粉基质结合在一起，生成瘤胃不可降解的蛋白，即过瘤胃蛋白，可直接进入肠道消化，以氨基酸的形式被吸收，有利于反刍动物对蛋白氮的消化吸收。若膨化后再制粒更可显著增加过瘤胃蛋白的含量。

四、羊用 TMR 颗粒饲料加工技术要点

1. 原料粉碎

草料、玉米等原料用粉碎机粉碎，其中玉米等用筛网的筛孔直径 0.3 ~ 0.4cm 为宜。粉碎的粗饲料，适宜筛网孔径以 0.6 ~ 1.0cm 为宜。

2. 混合均匀

根据日粮配方设计，先将配方中的玉米、豆粕、预混料（或盐、石粉、磷酸氢钙）等精料部分原料混合，然后再与草粉混合。简单的操作可用人工混合，但一定要注意混合的均匀度。一般可选用搅拌机混合，以确保混合均匀度，并提高工作效率。常用的混合机型有卧式混合机、立式混合机。

3. 完成制粒

一般选用平模制粒机制粒，平模制粒孔径以 0.8cm 为宜，制粒效率高，颗粒成形性适中；若颗粒成形性欠佳，可在混合料中额外加入 5% 的水，可改善颗粒的成形性，但制成的颗粒应现制现喂，不能久贮，以免霉变。用平模制粒机孔径为 0.6cm 制粒，颗粒过硬且制粒效率低，但适用于全精料制粒；用平模制粒机孔径为 1.0cm 制粒，颗粒松散、成形性较差。

第七章

湖羊精细化饲养
管理技术

第一节
湖羊一般管理技术

湖羊集多种优点于一体，具有良好的养殖特性，应该推广科学的饲养方式、管理技术及疫病综合防治措施。生产上要不断提高湖羊的饲养管理水平，及时处理和解决养殖过程中出现的问题，确保湖羊在各个生长阶段都能够得到高质量的饲养，以提高湖羊养殖的经济效益，促进湖羊产业的健康和可持续发展。

一、推行舍饲饲养方式

湖羊因其自身优良的品种特性，能够适应多种生态环境并健康生长，舍饲成为其主要的饲养模式，应该进行科学选址和布局建设。圈舍应选择地势较高、背风向阳、远离居民生活区和工厂，在生产区上风口处建立管理区和生活区，下风口处建立处理区、隔离区等。在建设羊舍时要考虑当地的气候特征，既要实现冬季保暖，又要满足夏季的通风散热，确保羊只冬季不受寒，夏季不受潮。为保证饲养环境的清洁和粪便的处理以及圈舍的通风干燥，应设置适量的通风口，便于日常的环境管理。

二、优化湖羊养殖环境

养殖环境的优化环节在饲养管理过程中非常关键，干净卫生的圈舍环境可保障湖羊健康生长，并有效降低病原微生物的感染概率。应制定科学的消毒计划并定期对养殖环境进行检查和优化，养殖人员在进入圈舍前进行消毒，每天及时清理圈舍内粪便，按照消毒计划严格执行消毒管理制度，定期对圈舍进行全面消毒，每隔两周使用 0.01% 新洁尔灭或 0.3% 过氧乙酸对圈舍全面消毒，使用 0.01% 高锰酸钾或 0.2% 过氧乙酸对料槽及饮水池进行清洁消毒。若发生传染性疫病，应立即进行封闭管理和隔离治疗，并采取紧急消毒工作，对病死羊只圈舍及饲喂器具进行消毒或灭菌处理，对其尸体采取无害化处理。

三、加强饲草饲料管理

湖羊采食性能相对较好，多种饲料均能满足其正常生长发育，例如玉米秸秆、花生藤，并搭配玉米、豆粕、麸皮和菜籽饼的精饲料，以及青干牧草或农作物秸秆的粗饲料进行科学比例搭配，同时应适量添加维生素、矿物质和微量元素。应在湖羊不同的生长阶段选择不同饲料进行饲喂，采用定时定量饲喂方式，并严格控制精料的添加量，防止其发生瘤胃酸中毒现象。对于规模化湖羊养殖场建议使用全混合日粮饲喂技术，确保其营养丰富的同时保证精粗饲料比例的稳定，提高饲料利用率，同时节约饲料和人力成本。

四、合理分栏饲养

根据不同生长阶段将湖羊合理分栏饲养，主要根据性别、体重、年龄、大小、用途、强弱和生产阶段将其分为羔羊、育肥羊、种公羊、后备母羊及妊娠母羊进行分栏区别饲喂管理，分栏饲养原则为充分合理规划圈舍布局，严格控制饲养密度，保证采食和运动空间。按不同生长阶段的营养标准制定不同的饲料配方和饲养标准，实行定时、定质和定量的区别饲喂。这样可以满足不同类型羊只的生活习性和生理需要，还可以节约饲养成本，提高经济效益。

五、优化饲喂技术

在湖羊饲养过程中，其饲料以草料为主，搭配精料和粗料。湖羊为反刍动物，精料添加量过多容易引发酸中毒，因此要严格控制精料的添加量。科学饲喂包括每日早晚分两次饲喂，喂料应做到定时定量，湖羊有夜食性，可在傍晚将草料放足，以满足其需要。可通过湖羊的叫声判断是否吃饱，羊只安静不叫则表明已吃饱。饲料要保证清洁卫生，避免使用发霉或者有霜冻的饲草料，另外需要合理调制营养，既要提高饲料的利用率，降低饲养成本，又要满足羊只的生长需要，同时要保证饮水清洁，供应充足。

六、加强消毒措施

在日常饲养管理和疫病预防过程中，消毒措施尤为重要。羊场消毒通常分为日常的一般预防性消毒和发生疫病时的紧急消毒。预防性消毒需要在羊场场区入口设置消毒室和消毒池。需要进入羊场的人员只有在消毒室进行紫外线杀菌后方可进入，而消毒池则主要用于进出羊场的交通运输工具的消毒。在日常饲养过程中，可以采用烧碱、生石灰、漂白粉等对羊舍进行消毒。一旦羊场发生传染病，必须立即对羊场进行封闭管理，采取紧急消毒措施，对所有羊舍进行消毒处理，对病死羊进行无害化处理，对病死羊接触的用具进行消毒灭菌处理。坚持预防为主，采取科学积极的治疗措施，做好病死羊的无害化处理，规范使用抗生素，提高湖羊养殖的经济效益，促进湖羊养殖产业的健康可持续发展。

七、做好定期护理

定期护理包括定时清扫、消毒、修蹄和药浴等，修蹄可以预防湖羊发生蹄叶炎、肢势改变等，对于湖羊种羊，一般每 1 ~ 2 个月进行一次修蹄；药浴是驱除湖羊体表寄生虫的有效方法之一，一般每年进行 2 次药浴，分别为春季剪毛后的 1 周左右和天气晴朗的秋季。规模化湖羊养殖场还应做好羊场的详细记录工作，包括生产记录、系谱记录、用药剂量及销售记录等，良好的记录可以做到有据可查。

第二节
种公羊饲养管理技术要点

在一个规模化湖羊养殖场，种公羊数量少，种用价值高，种公羊的优劣对提高整个羊群品质、生产性能、繁殖育种和经济效益都有重要的影响。优良的种公羊担负着繁殖配种任务，也是提高湖羊场种质及生产性能的关键因素，俗话说："公羊好、好一坡，母羊好、好一窝。"种公羊的配种能力取决于健壮的体质、充沛的精力和旺盛的性欲。种公羊的繁殖力，除了其自身的遗传因素外，饲养管理是影响种公羊繁殖力的重要因素。种公羊的饲养要细致周到，使其既不过肥也不过瘦，种公羊的饲养目标应以常年保持中上等膘情、健壮活泼、精力充沛、性欲旺盛为原则，保证和提高种公羊的利用率。

一、重视种公羊的选育

种公羊的选择，要求体型外貌符合种用要求、体质强壮、睾丸发育良好、雄性特征明显。应注重从繁殖力高的母羊后代中选择培育公羊，优先利用体尺大、睾丸大且匀称的种公羊。对种公羊的精液品质必须经常检查，及时发现和剔除不符合要求的公羊。

种公羊的培育是将其种质中的优秀数量性状通过环境因素进行充分表达的过程。种公羊的培育是一项长期的任务，需要坚持不懈地进行下去，在选择过程中，必须在羔羊出生、断奶和周岁这3个环节进行严格选择和淘汰。选择重在遗传，培育重在环境。只有把两者结合起来，才能把种公羊的遗传潜力遗传下来。选择时不仅要注重个体生长发育和有关性状，并要根据其亲代生产性能和主要性状进行综合考虑。培育是指在良好环境条件下，满足各种营养需要，使其后代的遗传潜能发挥出来。如果环境条件不具备，或者各种营养不能满足，其生产性能或性状表现很难判断是先天不足还是环境因素造成的，给选留带来一定困难。

二、后备种公羊的饲养

目前大多数规模湖羊场甚至种羊场并未建立相应的后备种公羊的饲养规程，在日粮营养方面常与肥育羊混养，难以达到理想效果。从湖羊产业的长远发展来看，后备种公羊的培育是提升湖羊产业整体水平的核心环节。湖羊后备种公羊的饲养管理总体原则是控制日增重在 200 ～ 300g，日粮营养特点为低能高蛋白，防止过肥而影响成年后的繁殖力；同时提供相对高的钙、磷、维生素 D 水平，确保其他微量成分铁、锌、锰、铜、碘、硒、钴及维生素 A、维生素 E 的常规均衡供给；饲养技术参数可借鉴《肉羊营养需要量》（NY/T 816—2021）中育成公绵羊营养需要量，培育出躯体高大、体质强壮、符合种用要求的后备种公羊。湖羊后备种公羊至 8 月龄左右开始可进行适度的配种。

三、种公羊饲养管理技术

种公羊在饲养上应根据饲养标准合理搭配饲料，日粮中应保持较高的能量和粗蛋白水平，做到易消化、适口性好。种公羊数量少，种用价值高，对后代的影响大，在饲养管理方面要求做到精细，常年保持中上等膘情，拥有健壮的体质、充沛的精力和优质的精液品质，才可保证和提高种羊的利用率。在管理上，种公羊要求单独饲养，每天保证有适度的运动时间，以免种公羊过肥而影响配种能力。根据种公羊配种强度及其营养需要特点，饲养可分为非配种期饲养和配种期饲养。

1. 非配种期种公羊的饲养管理

种公羊在非配种期的饲养，以恢复和保持其良好的种用性能为目的。配种期结束以后，种公羊的体况都有不同程度的下降，为了使其体况尽快恢复，在配种刚结束的 0.5 ～ 1.0 个月内，种公羊的日粮应与配种期保持基本一致，但配方可以适当调整，增加日粮中优质青干草或青绿多汁饲料的比例，并根据体况恢复情况，逐渐转为饲喂非配种期的日粮，除应供给足够的热能外，还应注意足够的蛋白质、矿物质和维生素的补充。种公羊在非配种期的体能消耗少，一般略高于正常饲养标准就能满足种公羊的营养需要，但要加强运动，使种公羊的体能得到锻炼，种公羊每天的运动时间应保证 4 ～ 5h，每天每只补喂混合精料 0.5 ～ 0.7kg，并要供给适量优质青干草，自由清洁饮水，或在自由采食基础 TMR 日粮前提下再补饲精料 0.2 ～ 0.3kg。建议精料配方为玉米 56%、麸皮 14%、豆粕 25%、预混料 5%。规模化湖羊养殖场应特别注意，为完成配种任务，非配种期就要加强湖羊种公羊的饲养，为配种奠定基础。非配种期的休养生息，使种公羊的体重比配种期结束时约有 15% 的增加，但前提是健壮、不过肥。

2. 配种期种公羊的饲养管理

种公羊在配种期对营养物质的需要量与配种强度和配种期的长短有密切的关系，配种时间越长、强度越大，其体能消耗就越多，需要补充较多的营养，否则会影响其精液品质和配种能力。科学合理的饲养管理是提高种公羊种用价值的基础。从精细化养殖来讲，配种期湖羊种公羊饲养又可分为配种预备期（配种前 1 ~ 1.5 月）和配种期两个阶段。

配种预备期应适当增加饲料量，加强种公羊的营养供给，在一般饲养管理的基础上，逐渐增加精料的供应量，特别是要提高蛋白质饲料的比例，供应量为配种期标准的 60% ~ 70%。在配种预备期应采集种公羊的精液，检查精液品质，一是掌握公羊精液品质情况，如发现问题，可及早采取措施，以确保配种工作的顺利进行；二是排除公羊生殖器中长期积存下来的衰老、死亡的精子，促进种公羊的性功能活动，产生新的活力强的精子。

在配种盛期必须对种公羊进行精心的饲养管理，保持相对较高的饲养水平，特别应注意日粮的全价性，日粮中的粗蛋白含量应达到 16% ~ 18%，蛋白质是否充足，对提高公羊性欲、增加精子密度和射精量具有决定性作用，每天供应精料 1.0 ~ 1.5kg，对配种任务繁重的优秀种公羊，每天混合精料的饲喂量为 1.5 ~ 2.0kg、鸡蛋 2 ~ 3 枚，青干草自由采食，并在日粮中增加部分动物性蛋白质饲料，以保持种公羊良好的精液品质。配好的精料让种公羊自由采食，要经常观察种公羊食欲好坏，以便及时调整饲料配方，以确保种公羊的健康状况良好。配种期如蛋白质含量不足，品质不良，将会影响种公羊性能、精液品质和受胎率。配种期结束后的种公羊主要任务是恢复体能、增膘复壮，其日粮标准和饲养制度要逐渐过渡，变化不宜过大。

配种期的公羊神经处于兴奋状态，经常心神不定，不安心采食。因此，配种期种公羊的饲养管理要做到精心、认真、细致，经常观察其采食、饮水、运动及粪尿排泄等情况，做到早起睡晚，少给勤添，多次饲喂。饲料品质要好，必要时可补给一些鱼粉、鸡蛋、羊奶，以补充配种时期大量的营养消耗。还要保持饲料、饮水的清洁卫生，料槽吃剩的草料要及时清除，减少饲料的污染和浪费。

但目前大多数规模化湖羊养殖场采取种公羊与母羊同栏混养模式，此法难以操作。因此，建议在种公羊完成一栏母羊配种任务后引入单栏饲养，进行 1 ~ 2 周的休养后再进入下一栏母羊配种，休养期间增加营养，日粮中增加豆粕比例，同时添加适量的硫酸钠，以提高瘤胃菌体蛋白的质量和生成量。日粮中确保维生素的足量供给也是提高精液品质的重要因素，当维生素缺乏时，可引起公羊睾丸萎缩，精子受精能力降低，畸形精子增加，射精量减少。要经常观察种公羊食欲好坏，以便及时调整饲料，判别种公羊的健康状况。

种公羊圈舍应选择宽敞、坚固、向阳、干燥和通风良好的地方，保持清洁干燥，定期进行消毒和防疫，良好的环境条件是保证种公羊拥有一个健康体魄的前提条件。种公羊饲养栏要远离母羊，不然母羊一叫，公羊就站在门口或爬在栏舍上，东张西望而影响采食。夏季高温、高湿，对种公羊的繁殖性能和精液品质都有不利的影响，应尽量减少各种不利因素的应激。另外，管理上要做到种公羊的定期驱虫、定期修蹄，还要用毛刷经常刷拭体毛，增进皮肤代谢功能。

种公羊的合理利用。在自然配种模式下，一般 1 只公羊即可承担 25 ~ 35 只母羊的配种任务；采用人工授精技术，1 只公羊即可承担 200 ~ 300 只母羊的配种任务，因此，人工授精技术的优点之一是可以减少种公羊的饲养量、发挥优秀种公羊快速提升群体种质的作用。健康种公羊一般利用到 6 ~ 7 岁就可淘汰。

种公羊配种采精要适度。在配种前 1 个月应对种公羊进行采精训练和精液品质检查。种公羊配种采精要适度，刚开始时每周采精 1 次，以后增加至每周 2 次，甚至 2 天 1 次，并根据种公羊的体况和精液品质来调节日粮配方和运动量。到配种时，青年羊每天采精 1 ~ 2 次，采 1 天休息 1 天，不宜连续采精；成年公羊每天可采精 3 ~ 4 次，每次采精应有 1 ~ 2h 的间隔时间。采精较频繁时，要保证成年种公羊每周有 1 ~ 2 天的休息时间，以免因过度消耗体力而造成种公羊的体况明显下降。对精液稀薄的种公羊，要提高日粮中蛋白质饲料比例。

当出现种公羊过肥、精子活力差的情况时，要加强运动。公羊在采精前也不宜饲喂过饱。

第三节
种母羊饲养管理技术要点

种母羊是羊群正常发展的基础，饲养管理的好坏关系到羊群能否发展、品质能否改善和提高，其生产性能的高低直接决定着羊群的生产水平。

一、后备母羊饲养管理技术要点

后备母羊通常指羔羊断奶开始直至初次配种结束的母羊。规模化羊场对后备母羊的饲养管理能力，与其成年后的生产性能存在直接关联，关乎羊群的整体生产能力及羊场的总体经济效益。后备母羊饲养管理不科学，会延缓其生长发育，导致体长不达标，或体型瘦弱或体重偏低，甚至因体能状态不佳而丧失繁育价值。为此，规模化羊场需要通过饲养管理技术的科学应用增强后备母羊的繁育及生产能力。

1. 分群管理技术

（1）把握分群依据，加强体重差异控制

规模化羊场应结合自身生产需求，根据后备母羊所处的生长阶段，确定具体的分群方式，应以后备母羊年龄、体格大小作为分群依据，通过分群管理技术科学应用，避免部分性早熟母羊出现偷配现象，防止配种过早而出现早孕现象。分群管理主要是通过群体发育均衡性的提升，提高后备母羊的整体饲养质量。

（2）结合培育目标，科学调控饲养方案

规模化羊场应定期检测后备母羊生产性能，依据其生长情况，结合培育目标，科学制定与合理优化后备母羊饲养方案。对于后备母羊的饲养管理，各栏饲养数量最好控制在 8 ~ 10 只，且应根据饲养时间、后备母羊体重增长情况适度调整饲养密度，以确保后备母羊采食、运动及休息空间充足，避免因饲养密度过大而阻碍后备母羊正常发育。

2. 饲喂及运动管理技术

（1）制定与落实养殖场饲养管理制度

规模化羊场需要制定科学严谨的后备母羊饲养管理制度，要求所有饲养人员严格遵守。平时饲养人员要对后备母羊的进食情况、行动情况以及精神状态给予全面的观察与分析，一旦发现后备母羊食欲不佳、精神萎靡或体重异常下降，应立即隔离饲养，并科学鉴别与疾病诊断，结合诊断结果采取对症治疗，进而为后备母羊的健康成长提供保障。

（2）提供充足、干净卫生的饮用水

后备母羊饲养管理中应按照每日每只 5 ~ 8L 的量来提供饮用水，应根据气温变化合理调控后备母羊的饮用水供给量。饲喂过程中，若饲料中粗蛋白、粗纤维含量较高，也需要适当增加后备母羊的饮用水供给，若饮用水不足会影响后备母羊正常代谢。

（3）采用科学补饲与限制饲养措施

精料补饲：3 月龄左右后备母羊正处于断奶期，此时后备母羊生长发育较为快速，营养需求量大，此阶段也是饲料转换关键期，该时期后备母羊主要饲料应选用精料，并添加适量微量元素及多种维生素，以确保饲料营养全价均衡供给。

限制饲喂：后备母羊生长至 6 ~ 8 月龄时，需要限制饲喂，以免其膘情增长过快而对其配种后的繁殖能力产生影响。后备母羊达到 8 月龄后，应降低其饲料供给量，以免其性功能早熟，此时需要加大饲料中的蛋白质含量，减少氨基酸、维生素等添加剂。为使后备母羊体质有所增强，应为其提供干草、牧草或青贮饲料，且饲喂期间应定期称量后备母羊体重，防止其体重增长过快。

3. 选育配种技术

（1）严格开展性能鉴定，科学选育后备母羊

选育后备母羊，需要筛选出品种特征显著、身体健康以及具备良好繁殖性状的优质母羊。在选育阶段对后备母羊实施 3 次筛选：出生后应立即建立系谱档案，注明后备母羊初生重、窝产羔羊数量，并实施初筛，筛选出母本产羔数多、

泌乳量高且具有良好母性性能的母羊作后备母羊；断奶后，还需要结合其体重再做一次筛选；到6月龄后，应综合考量其体重、外貌及体型，实施第三次筛选。若后备母羊一直未发情，应先采取综合性繁殖措施，若促发情后90天内仍不发情，应坚决淘汰。

（2）结合母羊生长发育情况，合理选择初配时间

初配阶段，需要对后备母羊的质量给予高度重视，确保相应时段内其体能及性功能可均衡发育直至成熟，而后结合配种规划，根据其膘情状况，选择适合的初配时间，以增强后备母羊的繁殖利用年限，提升其繁殖能力。初配期间，需要严格预防后备母羊早配或偷配，否则会因配种过早而影响自身发育的完善性，降低后备母羊繁殖利用限。通常后备母羊4月龄开始即出现发情现象，应于6月龄后将后备母羊转入配种舍，结合后备母羊的体能情况，适量添加营养成分，进而促进其排卵量、排卵质量提升。需要做好后备母羊发情日期记录，应于第二次或第三次发情时实施配种。

4. 疫病监测技术

（1）规范开展疫苗接种工作

为实现健康养殖，后备母羊饲养管理过程中，需要加强疫病监测与预防控制工作，及时为后备母羊接种疫苗。规模化羊场应对本地的疫病流行情况展开分析，结合往年发病及疫病控制情况，科学制定后备母羊免疫接种流程，并注意的关键环节。

（2）定期开展驱虫预防

为有效预防寄生虫感染，规模化羊场应在春季、秋季各实施一次驱虫，并结合后备母羊群体状况，合理确定驱虫的时间及频次。还应进行定期药浴，预防后备母羊感染寄生虫病。

二、经产母羊饲养管理技术要点

经产母羊的饲养管理阶段可分为空怀期（配种期）、妊娠期（妊娠前期和妊娠后期）以及哺乳期（哺乳前期和哺乳后期）三个阶段，各阶段的生产目标各有侧重，营养需要也不相同，在饲养管理上应根据不同阶段的生产目标及相

应的营养需要进行日粮的调配与供给。

1. 空怀期母羊的饲养管理

空怀期是指从哺乳羔羊断奶到母羊再次配种前的时期，也称恢复期。空怀期是母羊进入下一繁殖周期的开始，此阶段的母羊一般体况较差、消瘦。空怀母羊没有妊娠或泌乳负担，对于膘情正常的成年母羊只要进行维持饲养即可。空怀期母羊的饲养管理目标是适度复膘，促使母羊正常发情、提高排卵数，确保受胎及提高双、三羔率。此时在饲养管理上相对比较粗放，其日粮供给略高于维持日常需要的饲养水平即可，可以不补饲或只补饲少量的精料。泌乳力高或带多羔的母羊，在哺乳期内的营养消耗大、掉膘快、体况弱，必须加强补饲，以尽快恢复母羊的膘情和体况。在配种前期及配种期，母羊做到满膘配种，是提高母羊受胎率和多胎性的有效措施。这一阶段如果营养严重缺乏，就会导致生殖激素分泌失常，卵泡不能正常生长，而妨碍母羊的正常发情、排卵和妊娠，甚至造成不孕症。加强空怀期母羊的饲养管理，尤其是配种前 1.0 ~ 1.5 个月实行短期优饲，有利于提高母羊配种时的体况，达到发情整齐、受胎率高、产羔整齐和产羔数多的目的。

管理上对于空怀期经产母羊要加强营养供给，在确保日粮干物质 1.5 ~ 2kg 供给量的前提下，可适当多喂青绿多汁饲料，同时每头母羊补饲精料 0.25kg，在粗饲料干物质中的粗蛋白含量为 8% 的前提下，精料中的豆粕比例应占 60% 左右，若粗饲料中的粗蛋白含量低，则相应增加精料中的豆粕比例，达到中等以上营养水平，以促进发情，按时完成配种任务。日粮中蛋白质的供给是实现空怀期经产母羊饲养管理目标的首要环节。在日粮营养均衡供给中，这里强调补充维生素 E 和微量元素硒的重要性，在每千克日粮干物质中确保维生素 E 30 IU 和微量元素硒 0.3mg 有利于提高排卵数和卵子的品质，确保受胎及多羔性。配种期还应注意掌握及时准确配种，第一次配种后间隔 12 ~ 24h 可再配 1 次，有利于提高空怀期经产母羊受胎率和产羔数。

在湖羊养殖的实际生产中，断奶后 3 ~ 7 天内完成发情配种的比例高达 90% 以上，可见湖羊的实际生产中空怀期非常短，有的繁殖母羊甚至在哺乳期就已经完成发情配种。空怀母羊可进行自然配种或同期发情人工授精技术配种。

2. 妊娠期母羊的饲养管理

湖羊的妊娠期平均为 150 天左右，可分为妊娠前期和妊娠后期两个阶段。

（1）妊娠前期

通常指配种受胎后的前 3 个月，其特点是胎儿增重较缓慢，所增重量仅占羔羊初生重的 20% ~ 30%，此时所需营养并不显著增多，与空怀期基本相同，但必须注意保证母羊所需营养物质的全价性，保证母羊能够继续保持良好的膘情。此阶段的饲养管理目标侧重于保胎，避免流产。此时应适当补些青干草或精料，必须保证饲料的多样性，科学搭配，切忌饲料过于单一，并且应保证青绿多汁饲料或青贮饲料、胡萝卜等富含维生素及矿物质饲料的常年持续平衡供应，有利于胚胎健康生长。虽然母羊妊娠前期日粮的能量、蛋白质供给量相对较低，但适量补饲精料也是必要的，每只母羊日补精料 0.15 ~ 0.2kg，添加的钙、磷、盐、微量营养素等均可加在精料中，有利于母羊均衡采食营养素。在管理上要杜绝饲喂发霉、变质、霜冻、有露水的饲草以及霉变的玉米等饲料，否则将引发流产，同时要精心管理，避免拥挤、惊吓，禁止饮用冰水，不暴力驱赶，以免发生早期流产。

（2）妊娠后期

一般指母羊妊娠的最后 2 个月，此时胎儿生长发育迅速，胎儿体重的 2/3 在此期间孕育。母羊对营养物质的需要量明显增加，应给母羊提供营养充足、全价的饲料。此期的营养水平至关重要，关系到胎儿发育、羔羊初生重、母羊产后泌乳力、羔羊出生后生长发育速度及母羊下一个繁殖周期状况。如果此期母羊营养不足，体质差，产后缺奶，将会影响胎儿的生长发育，导致羔羊初生重小，生理功能不完善，体温调节能力差，抵抗力较弱，极易发生疾病，造成羔羊成活率低。此阶段的饲养管理目标侧重于确保胚胎健康、快速生长，防止母羊妊娠毒血症、瘫痪等疾病的发生。因此，妊娠后期也是妊娠母羊饲养管理的关键阶段，在饲料营养上必须增加各种营养物质的均衡供给，补饲精料是必然的，建议每只母羊日补饲精料 0.5kg（配方可以参照：玉米 40%、麸皮 14%、豆粕 40%、磷酸氢钙 3%、盐 2%、微量成分预混料 1%）。妊娠后期母羊的干物质采食量应保证在 2kg 左右，建议日粮组成为干花生藤 0.7kg、其他干草类

0.5kg、豆腐渣或青绿饲料 1.5kg、精料 0.5kg。在营养素配置上应保持平衡，如钙磷的平衡，现在绝大多数规模湖羊场的粗饲料常以干花生藤为主，由于花生藤富含钙，钙磷比例存在不平衡问题，大量饲用花生藤将导致钙供给过量，尽管湖羊能耐受大的钙磷比例（5：1），但过量的钙会增加妊娠母羊的代谢负担，应适当控制日粮中花生藤的饲用量。日粮供给应用 TMR 饲喂技术，可有效预防母羊妊娠毒血症的发生。

在母羊的妊娠期管理上，要求精心管理，把稳膘保胎作为管理的重点，要防止由于意外伤害发生早产。应避免吃冰冻饲料和发霉变质饲料，不吃带霜饲草，不饮脏水；防止羊群受惊吓，出入圈时严防拥挤；要有足够数量料槽及水槽，防止饮饲时相互挤压造成流产。母羊在预产期前一周左右可进入待产圈舍内饲养，适当加强运动，以增强体质，预防难产。圈舍要求宽敞，清洁卫生，且通风良好，特别是冬季要注意防风保暖。加强母羊的饲养管理，不仅有利于胎儿的生长发育，而且可以增加羔羊的出生体重和健康状况，对后代整个生产性能的提高都有利，因为母羊饲养好了，产羔后奶水充足，所以也利于羔羊的生长发育。

应特别注意经产母羊，尤其是高龄母羊易发产后瘫痪、胎衣不下等疾病，建议可在临产前 2 周开始至分娩，每天在日粮中添加氯化铵和硫酸镁，添加量分别为日粮干物质的 0.6%，同时减少精料中豆粕的比例，并停用精料中的盐和小苏打，使母羊尿液 pH 呈弱酸性（6.0 ~ 6.5），正常 pH 为 7.0 左右，有利于母羊对钙的代谢利用，显著减少产后瘫痪、胎衣不下和乳房炎等疾病的发生。

3. 哺乳期母羊的饲养管理

哺乳期指母羊分娩后至羔羊断奶，可分为哺乳前期（0.5 ~ 1 个月）和哺乳后期（1 ~ 1.5 个月）两个阶段。此阶段的饲养管理目标是促进母羊康复、提高哺育力。此时母羊完成分娩消耗了大量体力，重点应做好母羊产后护理，在母羊产羔后 1h 左右喂给 37℃左右的红糖麸皮盐水汤（配方为：红糖 100g、麸皮 100g、盐 8g、益母草或益母草膏 100g、水 1000g），有利于加速母羊体质的康复，减少产后疾病的发生，为提高母羊的哺育力打下基础。

在哺乳前期 1 个月，此时母乳是羔羊营养物质的主要来源，尤其是出生后

10 ~ 15 天内，几乎是羔羊唯一的营养物质来源，应供给哺乳母羊全价营养，保证奶水充足。但应注意母羊分娩后 1 ~ 3 天宜少喂精料，只能喂一些优质干草，以防出现消化不良和乳房炎，3 天后可饲喂少量的混合精料和多汁饲料，逐渐达到哺乳期的饲喂量。在哺乳期母羊日粮中可多喂青绿饲料以及适量的啤酒糟，有利于提高母羊的泌乳性能。母乳充足，则羔羊生长发育快，体质好，抗病力强，存活率高。因此，必须加强哺乳前期母羊的饲养管理，应尽可能多提供优质干草、青贮料及多汁饲料，适当增加混合精料的补饲量，补饲量应根据母羊体况及哺乳的羔羊数而定。在管理上要勤换垫料，勤清扫，保持羊舍清洁、干燥和通风。

在哺乳后期，母羊的泌乳量逐渐下降。此时羔羊的生长发育强度大、增重快，对营养物质的需求增多，单靠母乳已不能完全满足羔羊的营养需要。同时，2 月龄以上羔羊的胃肠功能已趋于完善，对母乳的依赖性下降，可以利用一定的优质青草和混合精料。对哺乳后期的母羊，应逐渐取消精料补饲，防止发生乳房疾病。以补喂青干草代之，逐步过渡到空怀母羊的日粮标准。母羊的补饲水平要根据其体况作适当调整，体况差的多补，体况好的少补或不补。

在精细化饲养管理下，羔羊于 45 日龄左右即可断奶。在传统饲养模式下，羔羊于 50 ~ 60 日龄断奶。断奶前 7 天开始逐渐减少母羊日粮中的精饲料及多汁饲料饲喂量。断奶母羊离开哺乳栏移至空怀期羊舍，可按体况对母羊重新组群，分别饲养，以提高补饲的针对性和补饲效果。羔羊留在原栏进行精细化饲养管理。

第四节
羔羊饲养管理技术要点

羔羊一般是指出生到断奶阶段的羊。羔羊饲养管理的目标是提高成活率，减少发病率，个体整齐，生长快速。

一、羔羊的饲养管理

从出生至断奶的羊羔，是生长发育最快的一个时期。此时的羔羊消化功能尚不完善，对外界适应能力较差，生产上必须做好精心饲养管理，把好羔羊培育关，提高羔羊成活率，重点把握以下几个环节。

1. 新生期羔羊的护理

新生期羔羊，是指出生 15 天以内的羔羊，科学护理是提高羔羊成活率的关键。羔羊出生后要及时清除羔羊口、鼻黏液，让母羊尽快舔干其身上的黏液，如果母羊不舔羔，可在羔羊身上撒些麸皮，诱导母羊去舔，然后用干布擦净。新生羔羊出生后，无论是自然断脐带还是人工剪断脐带，都必须将羔羊的断端浸入碘酒中消毒，出生第一天用碘酒喷 2 次脐带部位。在脐带干化脱落前，注意观察脐带变化，如有滴血，及时结扎消毒。要注意新生羔羊的保温，保持羊舍温度在 10℃以上。保温是预防羔羊腹泻、感冒和提高成活率的最简单易行的高效措施。

2. 羔羊的哺乳

羔羊出生后，20 日龄内以吃母乳为主、饲喂为辅，应及早开食，训练吃草料，促进瘤胃的发育，扩大营养来源。20 日龄后逐渐过渡到以采食为主、哺乳为辅，适当运动，母仔分群，抓膘，驱虫。对弱羔、双羔以及母羊产后死亡所留下的羔羊，应采取代哺、换哺或人工哺乳的方式进行喂养。人工哺乳应做到定时、定量和定温，哺乳工具要求定期消毒，保持清洁。

（1）初乳期（1 ~ 3 天）

母羊产后 1 ~ 3 天之内分泌的乳汁称为初乳，含有 17% ~ 23% 的蛋白质、9% ~ 16% 的脂肪等丰富的营养物质，它是羔羊出生后唯一的营养物质来源，对羔羊的生长发育和健康起着特殊而重要的作用，还含有大量的免疫物质，是羔羊生长与健康的必需物质，具有不可替代性。因此，要尽快让羔羊吃上吃足具有营养、促进胎粪排出等作用的初乳，吃得越早，吃得越多，增重越快，对增强羔羊体质具有重要的作用。一般单羔交替吮吸母羊两乳头，若是双羔则固定乳头。生后 20 天内，羔羊每隔 1h 左右吸乳 1 次，20 天以后羔羊每隔 4h 左右吸乳 1 次，随着日龄的增加，吸乳的次数逐渐减少，时间间隔也会拉长。对于一胎 3 羔及以上羔羊，可以挑选其中强壮的羔羊寄养出去，并要尽早找"奶妈"配奶，使母子确认，代哺羔羊，湖羊具有代哺非亲生羔羊的优秀母性。否则，要及时人工哺乳，保证羔羊吃奶，正常生长，以提高羔羊育成率和断奶羔羊个体重，否则成活率低，即使成活，抗病力也弱，甚至易患各种疾病。

（2）常乳期（4 ~ 60 天）

羔羊吃上 3 天初乳后，一直到断奶是哺喂常乳阶段。这一阶段，乳汁是羔羊的主要食物，但应辅以其他饲料。从出生到 60 日龄是羔羊体重增长最快的时期，此时要加强哺乳母羊的补饲，适当补喂精料和多汁饲料，保持母羊良好的营养状况，促进泌乳力，使其有足够的乳汁供应羔羊。羔羊要尽早开食，训练吃草料，以促进前胃发育。一般 10 日龄后开始供给少量优质草料，20 日龄开始训练采食饲料。管理上要照顾初生羔羊吃好母乳，对一胎产多羔羊的要求做到均匀哺乳，防止强者吃得多，弱者吃得少的情况发生。

（3）代哺与换哺

产双羔的母羊若泌乳量不足，应让其哺育较弱的羔羊，把相对强壮的羔羊让产单羔的母羊哺育或代哺。采用代哺、换哺的羔羊与保姆羊所产的羔羊体格大小要相仿，以便达到较好的效果。生产实践中为提高多胎羔羊、弱羔和孤羔等缺乳羔羊的繁育成活率，多采用人工哺乳、饲养保姆奶山羊，以及在羊群中选择单产、健康、泌乳量大的母羊实行寄养等方法。寄养具有成活率高、成本低等优点，但需寄养的羔羊要先彻底清除原胎气味，再涂保姆羊的胎液、乳汁、粪尿在其身上，使保姆羊认羔并接受哺乳。

（4）人工哺乳

一般用新鲜牛奶和羔羊代乳料。用牛奶哺乳时，要加温消毒，而且要做到定温、定量、定时和定质。羔羊代乳料的配方是将玉米、豆饼等主要原料加工成粉状，加上乳酸菌和酶制剂调制而成，其营养成分类似于天然母乳，易于消化吸收，羔羊饲喂后一般无腹泻现象。羔羊 20 日龄前，代乳料用 5 倍量的开水冲熟，待降温到 37℃左右时用奶瓶供羔羊吸吮；羔羊 21 日龄后可干喂，也可拌在块茎饲料中进行饲喂。

（5）人工助奶

对于母性差的初产母羊可实施人工助奶，助奶的方法是用手轻轻地将羔羊的头慢慢推向母羊的乳房，一只手轻轻抚摸羔羊的尾根，羔羊会不停地摇尾巴去找奶头，人为地用另一只手将母羊的乳房轻轻挑起，送到羔羊的嘴边，羔羊就能慢慢地吃上初乳，反复几次，羔羊就能自己吃母乳。助奶既有利于羔羊成活，也有利于羔羊拱奶，刺激乳房进行放奶。

3. 羔羊适度运动和适时断奶

羔羊适度运动可增强体质，提高抗病力。羔羊适时断奶，不仅有利于母羊恢复体况，适时发情配种，也能锻炼羔羊的独立生存能力。根据羔羊生长发育情况合理断奶，一般在 2 月龄左右断乳。羔羊 30 日龄后对母乳的依赖性大为降低，已转入采食植物性饲料为主的阶段，经过一段时间的适应性饲养，至 2 月龄时可完全断乳。对羔羊来讲，断奶是一个较大应激，为减少断奶应激，采取一次性断奶为好、简便，即将母羊牵离原羊栏、远离羔羊，让羔羊继续留在原栏 1～2 周，羔羊断奶不离圈、不离群、保持原来的环境和饲料，以减少应激反应，让羔羊安全渡过断奶关。断乳后的羔羊应加强管理和补饲，按性别和体质分群饲养管理。

4. 羔羊早期补饲

为了使羔羊生长发育快，除吃足初乳和常乳外，还应尽早补饲，提早补饲有助于羔羊的生长发育和提早反刍，使瘤胃功能尽早得到锻炼，促使肠胃容积增大、前胃和咀嚼肌发达。羔羊出生 1 周后开始训练吃草料，羔羊喜食幼嫩的豆科干草或嫩枝叶，可在圈内吊草把任羔羊采食或在圈内安装羔羊补饲栏，将切碎的幼嫩干草、胡萝卜置于食槽任其采食，这样不仅使羔羊获得更全面营养物质，还可以提早锻炼其胃肠消化功能，促进胃肠系统健康发育，增强体质，同时可适量补充铜、铁等矿物质，以防贫血。待羔羊 3 周龄后，开始训练吃混合精料（粗蛋白含量在 15% 以上），并注意供给优质易消化、适口性好的蛋白质饲料，同时还要补充钙和磷。精料的组成可为粉碎的玉米、小麦、麸皮、豆饼和食盐等。初喂的饲料应质地疏松，易于消化，以提高适口性，不可饲喂豆类以及脂肪含量高的饲料，以免引起消化不良。待全部羔羊都会吃料后，定时、定量饲喂，喂料量由少到多，少给勤添。羔羊 30 日龄后，随着母羊泌乳量下降，羔羊逐渐以采食饲草为主、哺乳为辅，此时日粮中应补加优质蛋白质饲料，以利羔羊快生长、多增重。

目前市场上有商品化的羔羊专用颗粒料，可在羊圈内设置羔羊补饲栏，内置悬挂于栏墙上的饲槽，简称"隔栏补饲"，投入少量羔羊专用颗粒料，只让羔羊自由进出，训练其吃料能力，促进其瘤胃发育。羔羊开食后，每天应补饲专用颗粒料，实现早日断奶。管理上应严防母羊偷食补饲料。

羔羊预混料及颗粒料补饲主要功效是节约羔羊饲养成本，提高饲料转化效率，提高干物质采食量，促进羔羊瘤胃早期发育，增加瘤胃容量；促进羔羊骨骼及肌肉发育，提高生长速度，实现早期断奶；保护肠道正常微生物菌群，提高免疫力，减少有害毒素对肠道黏膜的刺激与损伤，促进羔羊健康发育；维持氨基酸、矿物质元素、维生素等营养物质平衡。

二、羔羊的精心管理

1. 保温护羔

由于初生羔羊体温调节能力差，对周围环境温度的变化很敏感，因此做好羔羊早期防寒保温工作，对初生羔羊尤其是冬羔和早春羔至关重要。有条件的羊场母羊临产前要移入产房，产房要求保温效果好，没有产房的要把羊舍门窗封好，在地面上铺上柔软干净的干草，必要时可增设取暖设备。羔羊出生后，立即擦干或让母羊舔干其身上的黏液，这样既有利于羔羊体温调节，又有利于建立母仔认同。当羊舍温度适宜时，母羊和羔羊安静地卧在一起；温度过高时，母羊则与羔羊的卧地距离较远。可根据母羊和羔羊的上述行为动态，判断舍温是否适宜，并及时加以调整。

2. 注意防病

在母羊进入产房前，要对产房及周围环境进行彻底消毒。羔羊出生后 7 ~ 10 天最易发生痢疾，应注意哺乳、饮水和圈舍卫生，观察羔羊食欲、精神和粪便状况，发现异常应及时处理，如出现病羔要及时隔离，死羔及其污染物要及时消毒灭菌、无害化处理。羊舍要勤打扫，保持通风干燥，清洁卫生。特别是要注意羔羊脐带的消毒，防止通过脐带感染发病。

3. 适时断奶

湖羊羔羊适宜的断奶日龄或者是断奶体重并无统一标准，各个湖羊养殖场可以根据各自的实际情况确定断奶日龄。在传统饲养管理条件下，湖羊羔羊断奶日龄一般为 60 ~ 75 天，相应的断奶体重公羔在 15 ~ 20kg，母羔在 13 ~ 18kg，但断奶体重存在严重的个体差异、不整齐；究其原因跟母羊的泌乳性能、一母带双羔或三羔、初生羔羊的健康状况以及补饲措施等多种因素有关，实施羔羊补饲可以缩小个体间的差异，达到个体整齐。通过补饲颗粒料，湖羊羔羊可以在 45 日龄左右进行断奶。断奶时，要做好称重工作，并填写断奶记录。羔羊断奶后进入育肥阶段时应按公母、大小、强弱分群饲养，并进行免疫和驱虫等工作。

4. 其他管理措施

若是留种羔羊，应在出生吃奶前进行称重，记录初生重，同时在颈部挂上编号，记录相关信息。

第五节
育肥羊饲养管理技术要点

育肥是指在较短的时期内采用各种增膘方法，使肉羊尽快达到适于屠宰的体况。对于商品湖羊场来讲，育肥的目的是增加湖羊体重，育肥的内涵是增加湖羊体内的肌肉和脂肪，也就是说育肥是提高湖羊养殖效益的最重要措施，目的是为了获取更大的经济效益。

一、育肥前的准备工作

1. 圈舍准备

育肥羊舍要求清洁卫生，地面平坦高燥，圈舍大小按占地 0.8 ~ 1.0m²/只计算。准备育肥的羊只在入圈舍前，应将圈舍彻底打扫，并用石灰水或其他消毒药物进行消毒，保持圈舍干净卫生。

2. 温度控制

育肥羊舍要求冬暖夏凉，舍内保持干燥、清洁和温暖。冬春寒冷季节，特别要防止贼风侵袭。夏、秋季温度最好控制在 25 ~ 30℃，保持舍内通风凉爽，给育肥羊群创造一个舒适的环境。

3. 羊群整理

将准备育肥的断奶公羔和淘汰的成年老弱羊，按来源、年龄、性别、个体大小和强弱等进行合理的分群，制订育肥的进度和强度。因去势羊屠宰后肉品质较好，膻味较小，应对公羊适时去势，再进行分群育肥。

4. 驱虫和药浴

在育肥前对全部羊只实行一次体内外寄生虫驱除，并投喂健胃药，增进胃肠的消化功能，有助于提高育肥效果。同时对羊只进行一次药浴后，方可使其进入育肥圈舍内，育肥期间定时给羊群投喂驱虫药。

5. 清洁饮水

育肥期间必须提供清洁的水源，育肥羊每天应饮 2 ~ 3 次清洁水，在冬春寒冷季节最好供应 25℃左右的温水，减少冷水对羊只胃肠道应激。

6. 饲料供应

结合当地饲料资源确定育肥羊群的饲料总用量，应保证育肥全期不断料，且育肥期间不轻易变更饲料。应全面了解各种饲料资源的营养成分，不具备测定营养成分的羊场应委托有关单位取样分析或查阅有关资料，为日粮配制提供科学依据。育肥羊的饲料要求做到多样化，尽量选用营养价值高、适口性好、易消化的饲料。目前所用饲料主要包括精料、粗饲料、多汁饲料、青绿饲料，还需准备一定量的微量元素添加剂、维生素以及食盐、轻质碳酸钙或碳酸氢钙等。此外，一些粉渣、酒糟、甜菜渣等加工副产品也可以适当选用。随着羊产业的发展，现在市面上也有各种浓度的预混料或浓缩料，这些料具有配方科学、营养全面、使用方便等特点，规模化湖羊养殖场可以选购使用。

二、设定合理过渡时期

湖羊集中育肥当天不宜饲喂，只供应饮水和少量干草，应有一段合理过渡时期，开始 1 ~ 3 天只投喂饲草、饮水，之后 3 ~ 5 天每日每只饲喂精料 0.3 ~ 0.5 kg，然后转入正式育肥。在饲喂过程中，应避免过快地变换饲料种类和日粮类型。饲料替换应逐步进行，先代替 1/3（3 天），然后加到 2/3（3 天），直到全部替换成育肥饲料。粗饲料换成精饲料，替换的速度还要慢一些，可以在 10 天内全部换完。使用青贮等饲料也应有过渡期，要由少到多，逐步替代其他饲草料。

三、肉羊的育肥方式

湖羊的育肥方式可分为强度育肥和阶段性肥育。强度育肥是指羔羊断奶后即进行高质量的精料，促进其快速生长，一般湖羊羔羊至 6 月龄左右、体重达到 40kg 以上的育肥方式。阶段性肥育是指育成的架子羊、高龄淘汰羊经 1 ~ 2

个月的高精料饲养、实现短期快速增膘的育肥方式。

湖羊肥育所需要的营养可参考《肉羊营养需要量》（NY/T 816—2021）中相对应的参数，但要强调的是要注意粗饲料原料的消化能值。由于饲料原料收获季节、成熟度等因素的影响，在设计湖羊育肥日粮配方时，往往会高估粗饲料原料的消化能值，因此，要注意对粗饲料原料消化能的正确评估，粗饲料的消化能是影响育肥日粮预期目标的主要因素。

四、饲料营养配方注意事项

1. 多样化合理搭配

在饲料配制过程中，应确保饲料的多样化，合理搭配各种营养成分，以满足动物对各种营养的需求。在湖羊养殖中，青饲料　粗饲料和精饲料等的合理搭配可以保证湖羊的健康生长，提高养殖经济效益。

2. 充分考虑营养的全面性

为了充分发挥动物的生长潜力，提高饲料的经济报酬，湖羊对各种营养物质的需要量必须参照《肉羊营养需要量》，它确保饲料能够满足湖羊的基本营养需求。

3. 注意日粮体积与采食量的关系

饲料的体积大小，可以通过饲料干物质含量进行衡量。在湖羊养殖中，要注意粗饲料和精饲料的配比，通过生产实验找出青饲料　粗饲料　精饲料的最佳比例。

4. 注重配合饲料的经济性

饲料配方必须考虑其经济效益与社会效益。配方设计始终要在符合动物营养等方面要求的基础上，尽可能降低饲料成本。湖羊养殖的长期目标自然是企业追求利润。

5. 重视配合饲料的实用性

一个好的饲料配方应做到饲料报酬高，经济效益高，成本较低。这不是随便凑上一个百分比，理论计算的营养标准就能实现的，而必须经过科学、严格的劳动实践来反复求证，它有一个长期反复循环持续过程，必须有多年经验和积累。配方既有相对稳定性，又有一定的灵活性。

6. 确保配合饲料的安全性

饲料产品的安全不仅关系饲喂动物的安全和健康，也间接影响人的健康和安全。近来饲料产品安全性的概念更扩展到对环境的安全上。

饲料营养配方的注意事项涵盖了饲料的多样化合理搭配　保证营养全面　注意日粮体积与采食量的关系　确保配合饲料适口性好且容易消化，确保配合饲料的经济性、实用性和安全性，以及根据动物不同生理阶段选用不同类型的日粮，以确保动物的健康生长和提高养殖效益。

五、适宜的肥育日粮精粗比

建议湖羊肥育日粮以粗饲料 60%、精饲料 40% 较为适宜，如果将日粮调制成颗粒饲料可获得更快的肥育效果。由于配套供给不齐全，养殖技术比较滞后，有些湖羊养殖户利用猪、禽用颗粒料进行育肥，把羊当作猪、禽来养，尽管可获得一定的育肥效果，但若操作不当，可能得不偿失。同时，还会影响羊肉的品质和风味，如羊肉黄脂症，其直接原因可能与日粮中铜含量严重超标有关。从传统的羊肉风味来讲，随着日粮精饲料的增加，其风味可能会随之有所变化，适宜的育肥日粮精粗比值得深入探究。

六、适宜的育肥速度

不同的日增重将产生不同的经济效益。一般来说，日增重越高，单位增重饲料成本越低、养殖效益越好。据有关试验统计，如 25kg 体重的育肥羊日增重 100g，日饲喂花生藤 0.6kg、玉米纤维 0.4kg、豆粕 50g、预混料 25g，日饲料成本 1.213 元，每千克增重饲料成本 12.13 元；若育肥羊日增重 200g，日饲喂花生藤 0.6kg、玉米纤维 0.4kg、玉米 50g、豆粕 180g、预混料 25g，日饲料成本 1.672 元，每千克增重饲料成本 8.36 元；若育肥羊日增重 300g，日饲料成本 2.179 元，每千克增重饲料成本 7.26 元。随着日增重的提高，每日的饲料成本也有所上升。从养殖效益及湖羊健康等方面综合考虑，湖羊适宜的育肥日增重以 200 ~ 300g 较好，因为更高的育肥日增重需增加日粮中的精料比例，对湖羊瘤胃健康产生一定负面影响，同时可能还会影响羊肉的风味和品质。

七、育肥羊的饲养管理技术

1. 饲养管理日程

育肥羊要严格按饲养管理日程进行操作才能收到良好的效果。育肥羊的日粮定额一般按 2 ~ 3 次，且每次应掌握一定的比例。做到定时定量投喂，为防止羊抢食，便于准确观察每只羊的采食情况，应训练羊在其固定位置采食。饲喂中，防止过食引起的肠毒血症和日粮中钙磷比例失调引起的尿结石症。育肥羊的饲养管理日程表，可根据本场的具体情况合理制定。

2. 育肥羊的管理技术

圈舍、饲槽要定期清扫和消毒，保持羊舍清洁干燥、通风良好。保持圈舍环境的安静，不要随意惊扰羊群，为育肥羊创造良好的生活环境。对育肥羊群要勤于观察，定期检查，及时发现伤、病羊及羊群的异常现象，一旦羊群出现异常现象，应及时请专业技术人员诊治。条件不好的圈舍最好铺垫一些秸秆、木屑或其他吸水性好的材料，因为潮湿的圈舍和环境，容易导致羊群感染寄生虫病等。

饲喂时应尽量避免羊群拥挤、争食。饲槽长度要与圈舍内羊只数量相对应，给饲后应注意羊群的采食情况，每餐吃完不剩余最理想，注意不能饲喂霉变饲料。成年羊应有饲槽长度为每只 40 ~ 50cm，羔羊为 25 ~ 30cm。采用自动饲槽时，长度可以适当缩小，成年羊每只 10 ~ 15cm，羔羊 5 ~ 10cm。

确保羊群每日都能喝足清洁的水。气温在 15℃ 时，育肥羊饮水量在 1kg 左右；15 ~ 20℃ 时，饮水量 1.2kg 左右；20℃ 以上时，饮水量达到 1.5kg 以上。羊舍内或运动场内应安装饮水设施，及时供给清洁饮水。为了保持清洁饮水，尽量采用鸭嘴饮水器或自动饮水碗，少用或不用敞开式塑料桶等容器盛水供饮。

八、不同年龄羊的育肥措施

1. 羔羊早期育肥

从羔羊群中挑选体格较大、早熟性好的公羊作为育肥羊，育肥期一般为50～60天。羔羊不提前断奶，保留原来的母子对，不断水、不断料，提高隔栏补饲水平。羔羊及早开食，饲喂2次/天，饲料以谷物粒料为主，搭配适量豆饼，粗饲料最好用上等苜蓿干草，让羔羊自由采食。3月龄后体重达到25～30kg即可出栏上市，活重达不到此标准的羊，继续饲养，通常在4～6月龄全部能达到上市要求。这种方法目的是利用母羊全年繁殖特点，安排秋冬季节产羔，供应节日特需的羔羊肉，能够获得更好的经济效益。

2. 断奶后羔羊育肥

羔羊断奶后育肥是目前羊肉生产的主要方式，分为预饲期和正式育肥期两个时期。预饲期约15天，分为3个阶段。第一阶段1～3天，只喂干草，让羔羊适应新环境；第二阶段为7～10天，从第三天起逐步用第二阶段日粮，第七天换完喂到第10天；日粮含蛋白质15%，精饲料占35%，粗饲料占65%；第三阶段10～14天，从第11天起逐步用第三阶段的日粮，第15天结束，转入正式育肥期，日粮含蛋白质13%～15%，精粗料比为1：1。

对体重大或体况好的断奶羔羊进行强度育肥，选用精料型日粮，经40～60天，出栏体重达到45～50kg，即可出栏上市。精饲料日粮配方为玉米粒96%，蛋白质平衡剂4%，矿物质自由采食。对体重小或体况差的断奶羔羊进行适度育肥，日粮以青贮玉米为主，青贮玉米可占日粮的65%～80%，育肥期在80天以上，日粮的饲喂量逐日增加，10～14天内达到所需的饲喂量，日粮中应注意添加碳酸钙等矿物质。

3. 成年羊育肥

按品种、活重和预期日增重等主要指标来确定育肥方式和日粮的标准。养羊场可根据生产条件采取强化育肥或阶段性育肥等方式。

九、提高肉羊育肥效果的途径

1. 选择品种，杂交为佳

当前养羊生产中应用最广泛、最经济实用的是杂交改良法，利用杂交优势是养殖企业取得高产高效益的主要途径。实验结果表明，两品种杂交，子代产肉量比父母代品种可提高 10% 以上。若三品种杂交，更能显著地提高产肉量和饲料报酬。母羊品种尽量要选用高繁殖力的品种，因为羊肉的生产效率在很大程度上取决于母羊的繁殖率和羔羊的成活率。用多胎率高的品种进行羔羊肉的生产，既可提高母羊的生产比重，又可减少饲养母羊的数量，增产效果比较显著。

2. 搞好防病，及时驱虫

羔羊育肥前，必须对其驱除体内外寄生虫，以免影响育肥效果。羊群按日龄、性别、体况分群并进行驱虫，羊的体内寄生虫主要有胃肠道线虫、肝片吸虫、绦虫等，可以选用广谱、高效、低毒的驱虫药如阿苯达唑等，每年春秋各驱虫一次。羊的体外寄生虫主要有虱、痒螨、蚤、疥癣等，可以选用伊维菌素等驱虫药进行驱除，为了巩固驱虫效果，通常在驱虫 10～15 天后重复进行一次，驱虫后做好粪便的无害化处理。

3. 精细管理，营养均衡

推广良种和利用杂种优势进行育肥必须与改善饲养管理结合起来，否则难以取得预期效果。因此，为了给育肥羊提供足够的营养，使各种营养达到平衡，促进其快速生长，加速育肥效果，对育肥羊科学合理补饲是快速育肥的关键措施之一，补饲主要包括补草料、补精料、补矿物质和微量元素等。补饲精料一般在晚间进行，精料放在料槽内让羊自由采食，并且供给清洁饮用水和舔砖等。育肥前，对淘汰的高龄公羊可以考虑进行去势，但生长期公羔羊不应去势，否则影响其生长速度，降低养殖效益。进入夏季前应对所有生产阶段（除哺乳期羔羊外）的湖羊进行剪毛，有利于提高湖羊的生产性能。

4. 重视环境，当年出栏

环境是肉羊育肥的基础，不良的环境因素容易导致湖羊患病，从而影响健康以及产肉性能。因此在肉羊的育肥过程中要注意温度、相对湿度、光照、空气质量等环境因素的影响，以保证湖羊的舒适度。另外，湖羊的生长规律是前期增重快，后期较慢，出生后前 3 个月骨骼生长较快，4 ~ 6 月龄肌肉和体重增长较快，以后则脂肪沉积加快。对于杂交改良的育肥羊来说，一般前 6 个月增长速度最快，饲料报酬高，以后增长逐渐变慢。夏秋季有牧草长势旺盛、营养丰富，气候适宜的优势，对育肥羊在夏秋季节利用丰富的饲草资源进行育肥，入冬后草料匮乏时期适时屠宰，是养羊企业节省饲料、增加经济效益的有效途径。

5. 营养全面，巧用舔砖

肥育羊日粮中饲用舔砖和复合预混合饲料。在湖羊养殖中饲用舔砖，操作简单，成效显著。吴阿团等（2011）进行了复合矿物质舔砖对未断奶湖羊羔羊以及断奶湖羊羔羊生长性能的影响试验，结果表明，未断奶羔羊对照组日均增重为 153.45g，试验组日均增重 175.09g，试验组日均增重比对照组提高 14.10%，差异显著；断奶羔羊对照组日均增重 206.00g，试验组日均增重 218.89g，试验组比对照组提高 6.26%，差异不显著。说明复合矿物质舔砖对哺乳期湖羊羔羊有显著作用。复合预混合饲料是畜禽养殖中补充日粮营养成分的一种常用饲料，其营养成分更齐全、成分有效性更稳定，应用效果更佳。根据湖羊高效养殖的营养需要，将微量矿物质元素、维生素、钙、磷以及瘤胃发酵调控剂进行优化配制、用高精度混合机械加工成湖羊专用复合预混合饲料，便于湖羊养殖企业配制营养均衡的日粮。

第六节
提高湖羊养殖效益的措施

当前养羊业存在繁殖率偏低、生长速度慢、屠宰率低、胴体品质差等主要问题，不能适应现代消费者的需求。因此，如何让母羊多生快长且胴体品质好、提高经济效益，是经营管理者亟待解决、最为关注的问题，以下建议供参考。

一、改变饲养观念

提高湖羊养殖效益的措施中，饲养观念的改变尤为关键，不同的理念体现不同的饲养管理措施。从湖羊养殖规模或模式来讲，有传统散户养殖模式，其饲养措施就是有啥吃啥，作为农户搞家庭副业，稍微有点效益就容易满足。但随着社会的进步以及湖羊产业的大发展，这种传统养殖模式将逐渐退出市场，随之而来是现代化、规模化的湖羊养殖。作为现代化、规模化的湖羊养殖场，应该摒弃养殖粗放型的生产理念，聘用懂技术、有经验的饲养员和管理人员，采用现代化湖羊养殖新技术、新工艺，要用企业管理模式而非传统散户模式来精细化管理湖羊养殖。特别是在目前市场激烈竞争情况下，规模湖羊场精细化饲养管理的生产理念是必然的发展方向，是提高企业竞争力的最关键措施，引入新技术，培训技术人员、饲养人员，不断提高湖羊饲养管理水平，以获得湖羊养殖的高效益。

二、加强选种选配

1. 加强选育及选配

（1）湖羊种公羊的选择

选择体形外貌健壮，睾丸发育良好，雄性特征明显，尽量选择产双羔或多羔的母羊后代做种用。应经常检查其精液品质，及时发现并剔出不符合要求的公羊。

（2）湖羊母羊的选择

母羊的繁殖力随年龄的增加而增长，并且能够遗传影响下一代。应从多胎的母羊后代中选择优秀个体，并注意母羊的泌乳和哺乳等性能。提高适龄母羊在羊群中的比例，及早淘汰不孕和少胎母羊，保证羊群的正常繁殖生理功能。

（3）选配

正确选配是提高繁殖力的重要技术措施。选用双羔公羊配双羔母羊，所产的多胎公母羔羊经过选择培育做种用。

2. 培育早熟多胎肉用品种

利用引入的多胎肉用品种与湖羊杂交，培育出的母羊性成熟早、母性好、产羔率高、泌乳性能强、抗病力强，公羊生长速度快、饲料利用率高、适应性强、胴体品质好，且公母羊遗传性能稳定。

3. 充分利用杂交优势，推行杂交一代

引进多胎品种与湖羊杂交，是提高繁殖力最快、最有效且最简便的方法。优良品种是提高湖羊生产及经济效益的首要条件，品种的好坏直接决定了羊的生产性能、饲料消耗量、饲养周期和料肉比等。杂交一代羔羊能表现出生长发育快、早熟性能好、产肉多等优点。早熟、多胎、多产是湖羊生产集约化、专业化、工厂化的一个重要条件。因此，选用这些杂交羊作为育肥羊，育肥效果好。

三、应用繁殖调控技术

1. 诱发发情

在母羊乏情期内，借用外源激素引起正常发情并进行配种，缩短母羊的繁殖周期，提高繁殖力。其方法有羔羊早期断奶、激素处理及生物学处理等。

（1）羔羊早期断奶

羔羊早期断奶实质是缩短母羊的哺乳期，使母羊提早发情，但早期断奶要求羔羊的培育条件较高，必须解决人工乳及人工育羔等方面的技术问题。

（2）激素和生物学处理

激素处理可消除季节性休情，使母羊全年发情配种。具体方法是：先实行羔羊早期断奶，再用孕激素处理母羊10天左右，停药后注射孕马血清促性腺激素（PMSG），即可引起发情、排卵。生物学处理包括环境条件的改变及性激素，环境条件的改变主要调节光照周期，使白昼缩短，达到发情排卵的目的；性激素是在正常配种季节之前，把公母羊混群，使配种季节提前，缩短产后至排卵配种的时间，以达到提高母羊繁殖力的目的。

2. 同期发情

同期发情是现代羔羊生产中一项重要的繁殖技术。利用激素使母羊同时发

情，可使配种、产羔时间集中，有利于羊群抓膘、管理，还有利于发挥人工授精的优势，扩大优秀种公羊的利用率。同期发情是用外源激素或其他类药物对母羊进行处理，暂时改变其自然发情周期的规律，人为地把发情周期的进程控制并调整到相同阶段，以合理组织配种，使产羔、育肥等过程一致，来加快肉羊生产，提高繁殖力。一是延长母羊发情周期，为以后引起同期发情准备条件。用孕激素处理母羊，抑制卵泡的生长发育，经过一定时间同时停药，随之引起同期发情。二是缩短发情周期，促使母羊提早发情。

3. 超数排卵

超数排卵可扩大优秀种羊的利用率，提高群体的生产力。方法是在母羊发情周期的适当时间，注射促性腺激素，使卵巢比正常情况下有较多卵泡发育成熟并排卵，经过处理的母羊可一次排卵几个甚至十几个。

4. 早期配种

母羊传统配种年龄是 8 ~ 10 月龄。只要草料充足、营养全价且管理到位，母羊可在 6 ~ 8 月龄时早期配种。母羊初配年龄大大提前，从而延长了母羊的使用年限，缩短了世代间隔，提高了终身繁殖力。研究证明，适当早期配种不但不会影响自身的发育，妊娠后所产生的孕酮还有助于母体自身的生长发育。

5. 促使母羊产多胎

常用的促进母羊多胎的技术措施主要包括：补饲法，即在配种前 1 个月改进日粮，特别提高蛋白质水平，催情补饲，提高母羊发情率，增加排卵数，诱使母羊产双胎甚至多胎；孕马血清促性腺激素法，即在母羊发情周期第 12 天或13 天，皮下注射孕马血清激素 600 ~ 1100IU，实际使用时，应针对使用对象进行小群预试，然后确定最佳剂量。

四、选好育肥羊及确定育肥强度

选择健康无病、发育良好、性情温驯的羔羊和被淘汰的成年公、母羊进行育肥，羔羊育肥比成年羊效果更好。羔羊具有生长快、饲料转化率高、产肉品质好、周转快和效益高等特点，所以现代羊肉生产已由原来生产大羊肉转为生产羔羊肉，尤其是以生产肥羔肉为主。不同性别的羊增长速度、饲料报酬、屠宰率和肉质各有不同，育肥羊挑选以公羊优先，其次为阉羊，最后为母羊。一般羔羊早期断奶育肥效果比常规断奶好。羔羊 7～8 周龄，母乳已不能满足羔羊的营养需要，一般 7 周龄时羔羊开始反刍，已经具备从草料中获取营养的能力。因此，羔羊以 7～8 周龄断奶育肥较为适宜。羔羊性成熟前，公羊育肥增长速度比羯羊和母羊快，未去势的羔羊瘦肉多，因此公羔育肥效果最好。养殖场可以选择 20～25kg 的公羔羊进行育肥。选择成年羊强度育肥时，年龄不宜太大，不仅增重速度慢，而且饲料报酬也低。

湖羊生长至 12 月龄左右时，增重速度显著减慢，大约 18 月龄时，各项体尺增长趋于停滞，之后体重处于弱生长，并开始沉积脂肪，以后随年龄的增长体重趋向于停滞。因此适时出栏既符合羊只的生长规律，又符合市场对高品质羊肉的需求。出栏过早，湖羊处于快速生长发育时期，屠宰率不高，肉质虽嫩，但效益不高，此时屠宰不合算；出栏过迟，生长停滞，转为沉积脂肪，肉质变粗，降低肉品品质，且消耗资金、劳力和饲草等，降低生产效益。

为了提高育肥效率，管理上要做好以下工作：减少羊只活动量；保持环境安静，减少羊群应激；羊舍通风换气，羊栏清洁卫生；勤换垫草，防舍潮湿；防饲料霉变；建立定期消毒、定期称重和育肥效果评价制度；保证日常清洁供水。

五、饲料优化利用技术

饲料是养羊生产的物质基础，是养羊成功或失败的关键因素之一。日粮配合要根据湖羊各个生长时期营养物质的需要，按照饲养标准和饲料营养成分配制出满足其生长发育的饲料。日粮饲喂的目的是增加肌肉和脂肪，并改善肉的品质，因此最好按日龄和体重来配备饲料，日粮供给的营养物质必须超过它本身维持需要所必需的营养，才可能在体内增长肌肉和沉积脂肪。日粮中精料的水平对营养物质的利用有着极大影响，用高精料日粮饲喂羔羊时，平均日增重明显增高，可消化能、干物质和粗蛋白质利用率显著提高，胴体品质亦好。有些规模湖羊场的日粮配制带有较大的盲目性，不清楚日粮营养供给是否均衡，其特征性的表现如母羊产后瘫痪、羔羊死亡等，至于不易察觉的羔羊增重、母羊怀胎、初生羔重如何，只能顺其自然了。由于饲料配比的优化程度不同，同样的饲料原料在不同场应用，其饲养效果存在差异，因此，规模化湖羊场倡导应用饲料优化利用技术。

研究饲料优化利用技术的经典方法是评价不同饲料间的组合效应。日粮的组合效应实质上是指来自不同饲料源的营养性物质、非营养性物质以及抗营养物质之间互作的整体效应。根据饲料间互作关系的不同性质，饲料间组合效应可分为以下 3 种类型。

（1）当饲料间的整体互作使日粮内某种养分的利用率或采食量指标高于各个饲料原来数值的加权值时，为"正组合效应"。

（2）当日粮的整体指标低于各个饲料原料相应指标的加权值时，为"负组合效应"。

（3）当日粮的整体指标与各个饲料原料相应指标的加权值二者相等时，则为"零组合效应"。

如在低质粗饲料（如稻草、豆秸等）为主的日粮中补饲少量青绿禾本科牧草时，可显著改善纤维物质的消化率，获得正组合效应。而大量饲喂富含可溶性碳水化合物饲料会使日粮纤维物质降解率下降，如采食青贮料的绵羊，大麦补饲水平由 0g/kg DM 提高到 550g/kg DM 时，青贮料的消化率从 66.5% 下降到 61.5%。

目前用于衡量组合效应的指标，主要是包括各种营养物质的利用率和消化率，动物对日粮或日粮中某种饲料的采食量以及动物的生产性能。研究组合效应的方法，主要分为动物试验、体内消化代谢试验和体外试验 3 种。

应用动物饲养试验，是湖羊养殖场研究饲料优化利用技术的有效方法。测定湖羊对饲料的采食量和湖羊的生产性能，可以直观地反映饲料间的组合效应。只要设计好饲料组合方案，按一般饲养试验操作要求，即可开展饲料间组合效应评定。如在氨化稻草基础日粮中，当菜籽饼与桑叶同时补饲时，湖羊的日增重比单独补饲菜籽饼时降低 19% ~ 31%，比单独补饲桑叶时降低 15% ~ 20%，表明当菜籽饼与桑叶组合应用时产生负组合效应；进一步研究发现桑叶与各种饼粕类饲料间均存在负的组合效应。然而在稻草日粮中补饲桑叶或少量黑麦草则可以提高稻草的消化利用率，获得正组合效应，是一种高效的饲料配制模式。但是该动物饲养试验评定组合效应需要消耗大量的人力、财力、物力，且因试验动物个体间差异较大，试验结果的可重复性较差，不利于饲料组合效应的整体评定。

体内消化代谢试验常用尼龙袋法，测定饲料有机物的消化率，以评估组合效应。但尼龙袋法由于未经咀嚼和反刍，存在一定程度的失真问题，而且受瘘管动物的瘤胃微生物区系及微生态环境影响甚大，不易标准化。

体外试验法主要是人工瘤胃产气法，即通过体外产气法来进行测定。体外产气法通过产气量同有机物消化率呈高度相关性，评定反刍动物饲料间组合效应。该体外试验方法具有容易操作、易于标准化和简单方便等优点，被广泛用于饲料间组合效应的评定。

对于规模化湖羊养殖场来讲，虽然通过动物饲养试验来评价饲料间的组合效应具有一定的局限性，而且需要消耗大量的人力、财力、物力，但对于实现饲料的优化利用还是可行的办法。而对于体内消化代谢试验及体外试验需要增加瘘管羊、体外产气设备以及具备较高技能的人员等条件，虽然准确度高、易于标准化和简单方便等优点，但在养殖场难以开展。

在湖羊的生产中，必须根据不同时期湖羊的生产发育特点，合理地选择、利用、开发饲料，适当添加预混料，提高饲料报酬率，降低耗料率（即合理利用本地优势资源如玉米秸秆、桑叶、甘蔗梢、红薯藤、花生藤、酒糟、豆腐渣类副产品等），同时保证饲料的均衡供给，以保证湖羊体内的肠道菌落平衡，促进营养物质的消化吸收，充分满足湖羊的生长和发育需要，对提高湖羊养殖的经济效益起决定性的作用。

六、强化疫病防控措施

对于规模化湖羊场来说，疫病防控工作显得尤为重要，通过有效预防措施，减少疾病发生，降低投入成本，是提升湖羊养殖效益的重要途径。

1. 加强日常饲养管理

精细化饲养管理，尤其是日粮营养的均衡供给是确保湖羊健康生长、减少疾病发生的前提。在良好的饲养管理条件下，湖羊体质健壮，抗病性强，可有效减少羊群的发病率；同时保持羊舍环境的清洁卫生，及时清理粪污，减少环境污染，降低有害气体含量；确保供给饲草新鲜无霉变、保证清洁饮水，切实做好蝇虫鼠害防治工作等均有利于湖羊的健康。

2. 做好疫苗接种工作

通过抗体监测数据，科学合理地制订符合本场的免疫计划，切实做好疫苗接种工作。应根据当地疫情情况、湖羊机体状况（主要是指母源及后天获得的抗体消长情况）以及现有疫苗的性能，对疫苗类型、接种方法、顺序、日龄、次数、方法和时间间隔等进行优化实施，使湖羊机体获得稳定可靠的免疫力，有效预防羊场传染病的发生，确保湖羊的健康。

3. 建立定期检疫制度

定期检疫是了解湖羊养殖场主要疫病流行情况的重要途径和措施。规模湖羊养殖场根据现实需要建立定期的口蹄疫、衣原体、布鲁氏菌病、结核病和小反刍兽疫等疾病的检测和检疫制定。对检测患有疫病的羊只进行彻底的清除、隔离，场地、圈舍及用具再进行彻底消毒，以确保羊群的健康。日常应对羊群进行全面、细致的检查，当有传染病来临时，应将羊群划分为患病羊群、疑似感染羊群和可能健康羊群，不同羊群采取不同的处理措施。

4. 做好疫病防控工作

做好常见病的预防与治疗工作，是确保羊群健康成长不可缺少的环节。在良好的饲养管理和均衡日粮条件下，一般来说，湖羊比较少患病，但在管理上也不能存在松懈意识，有时候湖羊即使患病，但是仅凭肉眼也难以发现，待真正发现时，湖羊往往已患病比较严重了，因此生产上要勤巡查、细观察，尤其是羔羊易发的痢疾、肺炎等应早发现、早治疗。对体内寄生虫应定期进行驱虫，对体外螨、虱、蜱、苍蝇等虫害应及时杀灭，控制寄生虫病的发生，可有效减少寄生虫带来的危害，提高养羊效益。

5. 规范卫生消毒工作

羊场卫生消毒工作必须做到定期化和制度化。定期交替使用广谱、高效和低毒的消毒剂；科学制定消毒程序，定期对湖羊羊舍及其周围环境进行消毒，饲养阶段每周进行 1 次消毒，可选择低毒消毒药物进行带羊消毒，空栏阶段再进行一次彻底、全面的消毒工作。特别注意的是，病死羊只应严格按照无害化处置要求进行处理。规模湖羊场大门、生产区应设置与门同宽，长半轮的水泥结构车辆消毒池，每栋羊舍入口处也应设置消毒池。

6. 科学合理使用药物

规模湖羊养殖场要严格落实兽药处方制度，定期采集一些常发疫病的病料进行细菌分离培养和药敏试验，根据试验结果，选择一些对相应疫病比较敏感的药物进行预防、治疗，以防耐药菌株的产生。按防疫要求管理好的羊场，给羊群适度运动，提高羊只的机体免疫能力，减少羊只发病，确保湖羊健康，节约常规预防用药费用和治疗用药的费用，提高经济效益。

第八章

湖羊疫病防治技术

第一节
一般疫病预防措施

疫病防治要遵守"预防为主、治疗为辅"的原则，要加强羊群的饲养管理，做好环境卫生和消毒工作；种羊引进时要做好检疫检验和隔离饲养工作；科学合理做好羊群的疫苗免疫接种工作；坚持定期驱虫等综合防治措施。

一、做好饲养管理工作

1. 加强饲养管理

湖羊的日常管理依不同的地域、年龄和性别而有所不同。管理上要进行合理分群、合理搭配草料、控制养殖环境，避免过冷、过热、通风不良、有害气体浓度过高等不良环境条件影响。建立定时、定量的日常管理制度，给料时要先清除干净料槽中的饲料残渣再添加新的草料。每天要清扫卫生，供给足够的清洁饮水。

2. 做好环境卫生与消毒

加强环境卫生工作，减少病原微生物和寄生虫虫卵的滋生、传播，对粪便应及时清除并堆积发酵；羊舍内的羊床、用具和周边环境要经常消毒，保持羊舍的清洁和干燥；建立切实可行的环境卫生消毒制度，定期对羊舍、地面土壤、粪便、污水和皮毛等进行消毒。

羊舍是羊群日常居住和活动的场所，极易受粪便和尿液的污染，也极易传播多种疾病。平时预防性的消毒为每个月进行 1 次，每次消毒之前应将羊舍的粪尿清理干净，然后使用消毒药喷洒，先喷洒地面，再喷洒羊舍墙壁护栏等，最后打开门窗或卷帘通风，并用清水清洗饲槽、水槽，尽量除去羊舍内的异味。在遇到羊群有传染病或周边地区有传染病时，要增加羊舍的消毒次数和强度，必要时也可选择醛类或季铵盐类消毒药进行带羊消毒。

3. 做好疫苗的免疫接种工作

常用的疫苗主要有羊痘弱毒疫苗、羊三联四防疫苗、支原体肺炎疫苗和羊口蹄疫疫苗等。生产上应根据羊群实际情况进行科学免疫接种，此外应根据羊场所在地常发或易发的传染病增加免疫相应疾病的疫苗。

羊群接种疫苗时要求健康正常，否则不但不能产生应有的免疫保护作用，而且有可能会产生副作用，严重时可导致死亡等。有些疫苗（如羊痘疫苗）在免疫后几天要禁止使用抗病毒药物，有些弱毒苗、活疫苗在免疫后几天要禁止使用抗生素药物，否则会影响和干扰疫苗的免疫效果。

4. 完善检疫检验与隔离制度

应尽量做到自繁自养，必须要从外地引进种羊时，应该充分了解供种单位或地区的疫病流行情况。只能从无疫病流行地区购进种羊，同时必须有当地动物检疫部门出具的产地检疫证明方可引种。引进后应隔离观察 30 天以上，专人饲养管理，观察羊群采食、饮水、运动等状况，使用广谱驱虫药进行驱虫、进行疫苗接种，隔离饲养期满，确定健康后才能混群饲养。

5. 及时杀虫灭鼠

杀灭媒介昆虫蚊、蝇、蜱、虱和鼠类，在消灭传染源、切断传播途径、阻止疫病的流行、保障人和动物健康等方面具有重要意义。灭蚊蝇工作要从治理羊舍周围环境卫生入手，平整坑洼地面，清除积水，铲除杂草并随时清理好场所的粪便和污物，破坏蚊、蝇、蜱的繁育环境，可定期使用一些低毒农药对羊舍及周围环境进行喷洒消毒，杀灭蚊、蝇、蜱的成虫和幼虫。

6. 药物预防和定期驱虫

有目的、有计划地对羊群应用药物进行预防和治疗是羊病综合防治的措施之一，可收到事半功倍的效果。在生产上应定期驱虫，根据当地寄生虫病发生情况确定驱虫药物的种类、剂量和频次等。蜱、虱、蝇及疥螨、痒螨等体外寄生虫感染较严重的羊群，要定期使用溴氰菊酯等药物在羊群剪毛后进行药浴或喷淋。

二、羊群发病后的控制措施

1. 及时确诊

羊群一旦发病，应立即请相关兽医、技术人员进行全面检查，尽快确诊，并积极寻找发病的原因，及时治疗，以免延误治疗的最佳时机，导致病情恶化。如果确诊为传染性疫病，应迅速采取隔离和封锁措施，防止疫病扩散。

2. 隔离和封锁

隔离是将患病羊和可能患病羊分别控制在有利于防疫和饲养管理的独立环境中进行饲养和防疫处理，以达到将疫病控制在最小范围内，减少疫病扩散的有效方法。应对羊群进行全面、细致检查，将羊群划分为患病羊群、疑似感染羊群和可能健康羊群，不同羊群采取不同的处理措施。封锁是指羊场内发生一类疫病或外来疫病时，为了防止疫病扩散而采取的隔离、扑杀、消毒、紧急免疫接种等强制性措施。隔离和封锁要遵循"早、快、严、小"原则，做到早发现，早采取措施；快封锁，快隔离；严格执行各种防疫措施；尽量把疫情控制在最小范围内。

3. 严格细致消毒

对患病羊所在的圈舍、用具及羊群接触过的场地和物品应进行严格消毒。对患病羊的隔离舍每天进行多次消毒，对羊舍和患病羊群活动的区域应进行彻底消毒，羊舍地面和墙壁、饲槽等可用氢氧化钠、漂白粉、生石灰等进行消毒；羊体消毒可用百毒杀、新洁尔灭等。注意所用消毒液要足量，让地面完全湿透。

第二节
常见病毒性传染病防治技术

一、羊口蹄疫

口蹄疫是由口蹄疫病毒感染偶蹄动物引起的一种急性、热性和高度接触性传染病，以口腔黏膜、蹄部和乳房发生水疱和溃疡为特征。该病传染性极强，对羊产业危害严重，是世界动物卫生组织规定必须通报的 A 类烈性传染病。

1. 流行特点

口蹄疫病毒具有较强的环境适应性，不怕干燥，耐低温，病羊和带毒动物是最主要的传染源。猪、牛最易感，绵羊、山羊次之，幼龄动物极易感。广泛分布于世界各地，绝大多数国家都流行过口蹄疫。口蹄疫以直接接触和间接接触两种方式进行传播，以间接接触传播为主，其中以通过污染空气经呼吸道传播最为重要，传染速度很快，易形成地方流行性，冬季易发，发病率高，死亡率低，但传染性极强，不易控制和消灭，常造成较大的经济损失。新疫区发病率可达 100%，老疫区发病率达 50% 以上。

2. 临床症状与主要病变

一般潜伏期1～2周。病羊体温升高，上升到40～41℃，精神沉郁，食欲减退，脉搏和呼吸加快。症状多见于口腔，呈弥漫性口黏膜炎，口角常流出带泡沫的口涎，水疱主要见于硬腭和舌面，有的病羊乳头和乳房皮肤上出现豆粒大小水疱，病羊水疱破溃后，体温即明显下降，症状逐渐好转。蹄部发生水疱时，常因继发性坏疽而引起蹄壁脱落。在病羊的口腔、蹄部、乳房等处出现水疱和溃烂斑，消化道黏膜有出血性炎症，心肌色泽较淡，质地松软，心外膜与心内膜可见弥散性及斑点状出血，心肌切面有灰白色或淡黄色、针头大小的斑点或条纹，称为"虎斑心"，以心内膜的病变最为明显。

3. 诊断与防治措施

通过临床症状一般可做出该病的初步诊断。确诊需在国家规定的实验室进行病毒分离鉴定。在临床上该病还需要与羊传染性脓疱病及普通口炎、普通脚外伤等进行鉴别诊断。

（1）预防

要加强羊群的消毒和隔离工作，提倡自繁自养，尽量不从外地购羊，平时加强综合防疫措施，定期用聚维酮碘等消毒剂进行环境消毒。常发地区要按计划进行预防接种。预防免疫接种尽量根据当地流行血清型选用疫苗，认真做好定期免疫接种工作。每年需接种疫苗 2 次，间隔 6 个月。

（2）治疗

对发病的羊群要采取扑杀和无害化处理。必要时可在严格隔离条件下做一些对症治疗，用 3% 醋酸或 0.2% 高锰酸钾溶液对口腔局部病灶进行冲洗，再涂以明矾或碘酊甘油。在蹄部和乳房等部位可直接用碘酊消毒剂对局部进行洗涤，擦干后再涂以青霉素软膏。

二、绵羊痘

绵羊痘是由绵羊痘病毒引起的一种急性、热性、高度接触性传染病，是国际动物卫生组织规定的 A 类疫病，以绵羊嘴唇、口腔黏膜、无毛或少毛部位皮肤发生特异性痘疹为特征。

1. 流行特点

该病传染速度快，易形成地方流行性。绵羊易感，幼龄羔羊更易感。绵羊比山羊更容易感染，但山羊、绵羊互不传染。一年四季均可发生，主要通过呼吸道传染，水疱液和痂块易与飞尘或饲料混合而进入呼吸道，也可通过消化道或损伤的皮肤、黏膜侵入机体，但较少见。养殖场的用具、毛、饲料、垫草等都可成为间接传染媒介。病羊及病愈后的带毒羊是该病的主要传染源，病毒主要存在于病羊皮肤和黏膜的丘疹、脓疱及痂皮内，以及鼻分泌物和被毛中。羔羊发病，死亡率高，妊娠母羊发病则可引起流产。气候骤变、营养不良和管理不佳等因素可促进发病并加重病情。若无继发感染，死亡率较低，一般 2 ~ 3 周可以耐过、痊愈。

2. 临床症状与主要病变

平均潜伏期为 6 ~ 8 天，典型病例病羊的体温升高到 41 ~ 42℃，呼吸和脉搏增快，精神不振、眼结膜潮红、鼻孔流出浆液性或脓性分泌物，随后在头部、外生殖器、四肢及尾内侧皮肤等处相继出现一些红斑和丘疹，突出于皮肤表面，严重时形成水疱和脓疱，最后结痂，并伴随着体温下降。除全身皮肤出现豆状红疹外，咽喉部和支气管黏膜也可见到痘疹，肺部易并发感染肺炎，在前胃和第四胃黏膜可见大小不等的圆形或半球形坚实结节，单个或融合存在，严重时形成糜烂性溃疡斑。如有并发肺炎（羔羊居多）、胃肠炎等疫病时，病程延长或早期死亡。

3. 诊断与防治措施

根据临床症状、病理变化和流行情况可做出初步诊断，确诊需进行病毒分离、培养鉴定。在临床上该病还需与口蹄疫、传染性脓疱病等进行鉴别诊断。

（1）预防

坚持自繁自养，加强饲养管理，提高体质。平时仔细检查羊群状况，加强综合防疫措施，定期消毒，保持羊舍清洁、干燥。特别要关注冬末春初气候骤变时期，做好防寒保暖工作。平时还应做好病羊的隔离措施。每年 3 ~ 4 月对羊群进行定期预防接种，注射羊痘鸡胚化弱毒疫苗，大小一律尾部皮下注射 0.5mL。免疫持续期为一年。

（2）治疗

发生羊痘时，应立即将病羊隔离，管理用具等进行消毒，防止病毒扩散。对周边受威胁的羊群或假定健康羊群用羊痘疫苗进行紧急接种。对有价值的种羊，在做好羊舍、环境消毒及防止疫情扩散措施的前提下，可采用退热、消炎等抗病毒处理及局部消毒处理相结合对症疗法进行治疗。对皮肤病变部位可酌情进行对症治疗：如用 0.1% 高锰酸钾清洗后，涂聚维酮碘软膏或紫药水。对发病羔羊，为防止继发感染，可肌内注射青霉素 80 万 ~ 100 万单位；若用痊愈羊血清治疗羔羊，每只 5 ~ 10mL，采取皮下注射，效果较佳。

三、小反刍兽疫

小反刍兽疫又称羊瘟，是由小反刍兽疫病毒感染绵羊、山羊引起的一种急性接触性传染病，其特征是病羊高热、眼鼻有大量的分泌物、上消化道溃疡和腹泻。该病是世界动物卫生组织规定必须通报的 A 类烈性传染病，应引起高度重视。

1. 流行特点

该病主要分布于非洲和亚洲的部分国家，近几年传入我国，主要感染山羊、绵羊等小反刍动物。患病动物和隐性感染动物是主要传染源，尤其处于亚临床型的病羊更具传染性。病羊的分泌物和排泄物均含有病毒，可传播感染。易感动物为山羊和绵羊，3～8月龄山羊最易感。主要通过呼吸道飞沫传播，亦可经精液和胚胎垂直传播，处于亚临床型的病羊尤为危险。在疫区，该病为零星发生，当易感动物增加时，即可发生流行；在流行地区的发病率可达100%，严重暴发期死亡率为100%，中等暴发期死亡率不超过50%。幼年动物发病严重，发病率和死亡都很高，为我国划定的一类疫病。

2. 临床症状与主要病变

潜伏期4～6天，最长21天。自然发病仅见湖羊和山羊。山羊发病严重，绵羊也偶有严重病例发生，一些康复山羊的唇部形成口疮样病变。临床表现发病急，体温高热41℃以上，并可持续3～5天。病羊精神沉郁，食欲减退，鼻镜干燥。发热开始4天内，齿龈充血，而后口腔黏膜弥漫性溃疡和大量流涎，严重时可能转变为坏死。发病后期出现咳嗽、胸部啰音及腹式呼吸，常排血液粪便。尸体剖检可见结膜炎、坏死性口炎等肉眼病变，真胃出现糜烂，创面红色、出血，在盲肠和结肠结合部呈特征性斑马样条纹出血。淋巴结肿大，淋巴、上皮样细胞坏死。

3. 诊断与防治措施

根据上述症状可对该病做出初步诊断，确诊需要实验室病毒学诊断。该病应与羊传染性胸膜炎、巴氏杆菌病、羊传染性脓疱、口蹄疫和蓝舌病等相区别。

按照国家规定，对该病的处理方法是严密封锁，隔离消毒，病羊就地扑杀，进行无害化处理。至今对该病尚无有效的治疗方法，发病初期可用抗生素和磺胺类药物进行对症治疗，以预防继发感染。该病以预防为主，防控主要靠疫苗免疫，管理上应加强综合防疫技术，在流行季节，可用牛瘟病毒弱毒疫苗进行免疫接种。

四、羊传染性脓疱病

羊传染性脓疱又称"羊口疮"，是由传染性脓疱病毒引起的一种急性接触性人畜共患传染病，以口唇、舌、鼻和乳房等部位形成丘疹、水疱、脓疱、溃疡和结成疣状结痂为典型特征。

1. 流行特点

以 3 ~ 6 月龄的羔羊发病率最高，常呈群发性流行，在南方的羊场发病率较高且在羊群中可造成持续感染。病羊和带毒羊是该病的主要传染源，病毒主要存在于病羊唾液和痂块中，主要通过损伤的皮肤或黏膜而感染。一年四季均可发生，但以春、秋发病最多，常散发或呈地方性流行，若无继发性感染，死亡率较低。

2. 临床症状与主要病变

潜伏期为 2 ~ 5 天，临床上可分为唇型、蹄型和外阴型。

（1）唇型

临床最常见。首先在羊口角、上唇或鼻镜上出现散在的小红点，逐渐变为丘疹和小结节，继而形成水疱或脓疱，脓疱破溃后形成疣状结痂，严重时可出现龟裂和出血症状，在痂垢下伴有明显的肉芽组织增生，严重时炎症和肉芽组织增生可波及整个口唇周围及眼眶和耳朵等部位。由于嘴唇肿大和化脓影响正常采食，造成病羊体质日渐消瘦，此时若有继发感染可使病情加重，最终导致病羊机体衰竭而死，死亡率在 10% ~ 20%。

（2）蹄型

表现在蹄叉、蹄冠皮肤形成水疱或脓疱，破裂后则成为由脓液覆盖的溃疡。如继发感染则发生化脓、坏死，常波及基部、蹄骨，甚至肌腱或关节，造成病羊跛行、卧地不愿走动，病期缠绵，影响病羊的采食和活动。

（3）外阴型

此型较少见。主要表现外阴部及其附近皮肤发生溃疡，有时母羊的乳头皮肤及公羊的阴茎鞘皮肤也会出现脓疱和溃疡。

3. 诊断与防治措施

根据春、夏季节散发，羔羊易感，在口角周围出现丘疹、脓疱、结痂及增生性桑椹状痂垢等临床症状可做出初步诊断。要确诊可取水疱液或脓疱液进行病毒的分离培养，也可进行血清学诊断或 PCR 诊断。在临床上，该病应与羊痘、坏死杆菌病等进行鉴别诊断，同时应注意羊痘与羊传染性脓疱病并发感染的情况。

（1）预防

饲养管理过程中要保护羊只皮肤和黏膜不受损伤，防止因外伤而感染该病，及时清除饲草中的芒刺和尖锐食物，一旦发现病羊要及时隔离治疗。平时加强饲养管理，用 0.5% ~ 1.0% 聚维酮碘溶液、10% 石灰乳溶液等消毒剂定期消毒羊舍和用具是预防该病最有效的办法。发现病羊时应立即隔离治疗，对该病易感地区可用羊口疮弱毒疫苗进行预防接种，采取口唇黏膜内注射。

（2）治疗

对病羊加强护理，在水或饲料中可以加入适量复合维生素等营养素。对于唇型病羊可使用食盐或山苍子油对病羊局部进行涂擦，也可用水杨酸软膏将痂垢软化，除去痂皮后用 0.1% ~ 0.2% 高锰酸钾溶液冲洗创面，再涂以 2% 的龙胆紫、碘甘油或土霉素软膏等，也可以涂 5% 聚维酮碘软膏，每日 2 次，直至痊愈。对于蹄型病羊可用 0.1% ~ 0.2% 高锰酸钾溶液清洗局部化脓灶后再涂上土霉素软膏，有时也可以直接用 5% 碘酊涂擦患部，每日 1 次，直至痊愈。

第三节
常见细菌性传染病防治技术

一、羔羊大肠杆菌病

该病是由致病性大肠杆菌及其毒素引起的一种新生羔羊的急性传染病，又称羔羊白痢。临床上以剧烈下痢和败血症为主要特征。

1. 流行特点

出生 1 ~ 6 周的新生羔羊及断奶羔羊最易感，也偶见于 3 ~ 5 月龄小羊发病。病羊和带菌羊是主要传染源，被污染的垫草、饲料、饮水也可成为传染源。

通过直接或间接接触病原，主要经消化道和呼吸道感染。该病与气候不好、营养不良和圈舍环境污染等因素有关，多发于冬季，尤其是体质较弱的羔羊受冻后易发，呈地方流行性。发病急，死亡率较高，严重时可达 50% 以上。

2. 临床症状与主要病变

该病的潜伏期为 1 ~ 2 天，临床可分为败血型和肠炎下痢型两种。

（1）败血型

多发生于 1 ~ 6 周龄的羔羊，病羊体温升高达 41 ~ 42℃，精神沉郁，有轻微的腹泻或腹泻不明显，有时有神经症状、四肢关节肿胀、疼痛，运动失调，头后仰，一肢或数肢作游泳样，病程短，多数病羊于发病后 4 ~ 12h 内死亡。剖检在胸腔、腹腔、心包内可见大量积液，并有纤维素性物质渗出，肘、腕关节肿大，内有混浊液体，脑膜充血，大脑内常含有大量脓性渗出物。

（2）肠炎下痢型

多见于 2 ~ 7 日龄新生羔羊，病初体温略高，升至 40 ~ 42℃，出现腹泻后体温下降，降至正常或略高于正常体温，粪便呈半液状，由黄色变为灰白色，后呈液状，带有气泡，且有恶臭，羔羊表现起卧不安、腹泻、严重脱水衰竭，若不及时治疗将于 1 ~ 2 天内死亡。临床表现为急性胃肠炎变化，剖检可见真胃、小肠、大肠黏膜充血出血，瘤胃出现黏膜脱落，胃肠内充满乳状内容物，有时在肠内还混有血液和气泡，肠系膜淋巴结肿胀，切面多汁或充血。

3. 诊断与防治措施

据流行病学、临床症状和剖检病变可做出初步诊断。实验室诊断可采集病羊的内脏组织、血液或胃肠内容物进行细菌分离鉴定。在临床上，要注意与羔羊痢疾进行鉴别诊断。

（1）预防

加强母羊的饲养管理，供给营养均衡、充足的日粮，做好羊舍环境卫生。重视母羊的抓膘、保膘工作，保证新产羔羊健壮、抗病力强。冬季出生的羔羊应重点做好保暖工作。特别是给产前母羊接种疫苗，预防羔羊发病。

（2）治疗

对病羔要立即隔离，及早治疗，但急性经过的往往来不及治疗。对污染的环境、用具要用 3% ~ 5% 来苏儿液或 0.1% 聚维酮碘溶液进行消毒。慢性经过的可使用恩诺沙星、庆大霉素或环丙沙星等药物进行肌内注射，每日 2 次，直至体温下降、食欲恢复为止。对脱水严重的，静脉注射 5% 葡萄糖盐水；对于出现有兴奋症状的病羔，用水合氯醛 0.1 ~ 0.2g 加水灌服。

二、羊梭菌性疾病

羊梭菌性疾病是由梭状芽孢杆菌属中的细菌所致的一类疾病的总称，包括羊快疫、羊肠毒血症、羊猝狙、羊黑疫和羔羊痢疾等疾病。不同的梭菌类型，其易感动物、流行特点、临床症状和病理变化有所不同。

1. 羊快疫

羊快疫是由腐败梭菌引起的主要发生于绵羊的一种急性传染病，其特点是羊只突然发病和急性死亡，主要病变是真胃出血性炎症。腐败梭菌属自然界常在菌，存在于土壤和饲料中，健康消化道也发现有该细菌，但并不发病，属条件性致病菌。

（1）流行特点

该病以 6 ~ 18 月龄的绵羊最易感，常见膘情好的羊只更易发病。该病发病率较低，但死亡率很高。一般经消化道感染，经外伤感染则可引起恶性水肿。当秋、冬和初春气候剧变、阴雨连绵之际，受寒感冒或采食了冰冻带霜的草料导致机体抵抗力下降时，腐败梭菌趁机大量繁殖，产生外毒素，使胃肠黏膜发生炎症和坏死，毒素通过血液循环侵入中枢神经系统，引起神经细胞中毒而致急性休克，使羊只迅速死亡。

（2）临床症状与病理变化

发病突然，往往来不及表现临床症状即突然死亡。慢性发病的羊只常常离群独处，卧地，表现虚弱，不愿走动，强迫行走时表现运动失调。个别病程稍长的病例，可见腹胀、腹痛等症状，最后衰弱昏迷而死，一般难以痊愈。病羊死亡后，尸体迅速腐败膨胀，真胃黏膜呈出血性炎症，前胃黏膜也有不同程度的脱落。肠道黏膜有不同程度的充血、出血以及溃疡病变。肺脏、脾脏、肾脏和肠道的浆膜下也可见到出血。胸腔、腹腔、心包有大量积液，剖检后暴露于空气易凝固。

（3）诊断与防治措施

根据该病的流行病学、临床症状与病理变化可做出初步诊断，必要时可进行细菌的分离培养。采集新鲜病料进行细菌分离鉴定，可进行确诊。在临床上该病应与羊炭疽、肠毒血症和巴氏杆菌病等进行鉴别诊断。

预防：该病的发生通常较为突然，一般来不及治疗即死亡。平时应加强饲养管理措施，确保日粮的均衡供应，提高体质，增强抵抗力，特别注意羊只不要受寒感冒和采食带冰霜的饲料。在该病易感区域使用羊"五联苗"（羊快疫、羊猝狙、羊肠毒血症、羊黑疫和羔羊痢疾）定期免疫接种，免疫期 6 ~ 9 个月。

治疗：应及时发现并及时隔离病羊，对病程较长的病羊可进行对症治疗和抗菌类药物治疗，病死羊一律进行深埋或无害化处理。

2. 羊肠毒血症

该病是由 D 型魏氏梭菌引起的主要发生于绵羊的一种急性毒血症，因病羊死后肾组织易软化，又称软肾病，其特点是发病急、死亡快，死后肾组织迅速软化。

（1）流行特点

主要发生于绵羊，不同年龄段均可感染，但以 2 ~ 12 月龄膘情较好的易发。魏氏梭菌常存在于土壤中，通过采食被污染的饲料、经消化道感染，当气候变化、羊只体质下降时易发，一般为散发流行，有明显的季节性，多发于春末夏初抢青时或秋末牧草结籽和抢茬时。

（2）临床症状与病理变化

感染羊只突然发病，多数病例不见明显症状，很快倒地死亡。可见症状的病羊分为 2 种类型：一类以抽搐为典型特征，倒地后四肢出现强烈的划动，肌肉震颤，眼球转动，磨牙，抽搐，多见于 2 ~ 4h 内死亡；另一类以昏迷和安静地死去为特征，与前者相比，病程相对较为缓慢，病初表现为步态不稳，倒卧，感觉过敏，流涎，昏迷，角膜反射消失，常在 3 ~ 4h 内安静死去。剖检可见肾明显肿大，肾皮质柔软如泥，触压即溃散的典型症状，有的甚至呈糊状。小肠黏膜充血、出血，心包积液、内含纤维素絮块，肺脏出血和水肿，脾脏、胆囊可见不同程度肿大。该病病程短促，死前难以确诊，可通过剖检确认症状即可初步诊断。

（3）诊断与防治措施

根据该病的流行病学、临床症状与病理病变情况可做出初步诊断。必要时采取新鲜肾脏或其他实质脏器病料进行细菌的分离鉴定，如从肠内容物检查到大量的 D 型魏氏梭菌有助于确诊。临床上该病应与羊快疫、羊猝狙等进行鉴别诊断。

预防：该病病程短促，往往来不及治疗即死亡。因此，防治该病的主要措施是预防，平时在饲养管理中，要确保日粮营养的均衡供给及日粮中粗饲料的供给比例在 60% 以上，既能保证瘤胃的正常发酵，避免瘤胃菌群失调，又能降低饲养成本，实现高效健康养殖。加强饲养管理，在该病常发区域每年按计划免疫接种"五联苗"，免疫期 6 ～ 9 个月。

治疗：目前尚无有效的治疗药物，由于发病急，多数病例来不及治疗就死亡。对病程稍长的羊只可试行对症治疗，用青霉素肌内注射，每日 2 次，同时可灌服 10% ～ 20% 石灰乳，每次 50 ～ 100mL，连服 1 ～ 2 次。

3. 羊猝狙

羊猝狙是由产气荚膜梭菌 C 型引起的羊的一种毒血症，以急性死亡、腹膜炎和溃疡性肠炎为特征。

（1）流行特点

各生长阶段均能感染，但临床上多见于 1 ～ 2 岁的羊易感。病羊、带菌羊、被污染的饲料均可成为该病的传染源，主要经消化道传染，多发于冬春季节，呈地方性流行。

（2）临床症状与病理变化

该病突然发病，发病急，多数病羊未见明显的临床症状即突然死亡，病程极短，有时可见病羊卧地、不安、衰弱和痉挛，一般在数小时内即死亡。病理剖检可见十二指肠和空肠黏膜充血或出血，形成糜烂和溃疡。肝肿大、质脆，色变淡，常常伴有腹膜炎，胸腔、腹腔和心包积液，内含纤维素絮块，浆膜面出血。

（3）诊断与防治措施

根据流行病学、临床症状与病理变化可做出初步诊断。必要时可对肠内容物和内脏进行细菌分离鉴定和毒素检查来确诊。临床上该病应与羊快疫、肠毒血症、炭疽和巴氏杆菌病等进行鉴别诊断。

预防：平时应加强饲养管理，防止羊群受寒感冒或采食冰冻饲料或不洁饲料，对羊舍要保持清洁干燥。在该病常发区域每年按计划免疫接种"五联苗"，免疫期6～9个月。

治疗：由于该病发病急，往往无明显先兆就发病死亡，一般要等羊群出现一些急性死亡病例或出现慢性病例后再进行治疗。

4. 羊黑疫

羊黑疫又称为传染性坏死性肝炎，是由B型诺维梭菌引起的羊的一种急性高度致死性毒血症，其特征是急性死亡和肝实质出现坏死灶。

（1）流行特点

绵羊和山羊均可感染该病，但以2～4岁膘情较好的绵羊发病最多。多发于夏末、秋季。病羊及被污染的饲料、饮水为该病的传染源，常与肝片吸虫病密切相关。一般经消化道感染。健康羊肝脏中常潜伏着诺维梭菌B型芽孢体，但不发病。肝片吸虫在肝内迁徙破坏肝组织引起肝脏炎症，或其他原因导致肝脏损伤时，潜伏的芽孢体在坏死区迅速繁殖，并产生大量毒素，造成致命的毒血症，引起动物急性休克，迅速死亡，死亡率100%。

（2）临床症状与病理变化

发病急促，多数不见临床症状即死亡。发病羊表现为精神萎靡，食欲废绝，卧地不起，基本上在1h内安静死亡。个别病羊可拖延1～2天，食欲废绝，精神不振，呼吸困难，体温升至41.5℃，常以昏睡俯卧姿势死亡。病羊尸体皮下静脉明显瘀血发黑，羊皮呈暗黑色外观，故称之黑疫。剖检可见腔体积液，有大量清淡状胶样体液，肝表面和肝实质内有数量不等的圆形灰黄色坏死灶，直径2～3cm，周围常围绕一圈红色充血带。浆膜腔积液，暴露空气后易凝固。心内膜、真胃及小肠黏膜常有出血。

（3）诊断与防治措施

根据该病的流行病学、临床症状与病理变化可做出初步诊断。必要时采取肝脏病灶边缘组织或脾脏，进行直接镜检、分离培养和动物实验，或采取腹水或肝坏死组织进行毒素检查。临床应与羊快疫、肠毒血症等进行鉴别诊断。

预防：平时要加强饲养管理措施，定期消毒。防治该病的主要方法是预防，消除发病诱因，其中最关键的措施是防止肝片吸虫的感染，应定期进行驱虫。生产上应确保不同阶段日粮营养的均衡供给，可以提高体质、增强抗病力。对于常发该病的地区，定期免疫接种"五联苗"，每只尾下注射 5mL，保护期可达 6 ~ 9 个月。

治疗：在发病早期可用抗诺维梭菌血清进行对症治疗，同时将发病羊群转移隔离栏舍，加强饲养管理，可降低发病率。病死羊应进行无害化处理。

5. 羔羊痢疾

羔羊痢疾是由 B 型魏氏梭菌引起的羔羊的一种急性毒血症，以剧烈腹泻和小肠溃疡为特征，常引起大批死亡。

（1）流行特点

主要危害 7 日龄内羔羊，其中以 2 ~ 3 日龄时发病最多。主要经消化道感染，也可通过脐带或伤口感染。污染的羊舍及带菌母羊是该病的传染源。多发于冬春季节，一般为散发性流行。该病的发生与孕期母羊营养状况有关，营养差的母羊所生羔羊体质虚弱，当遇气候骤变、环境潮湿和产房卫生条件差时易发生该病，总体来说，导致羔羊抵抗力下降的不良诱因是发病的重要因素。

（2）临床症状与病理变化

潜伏期 1 ~ 2 天，病羊精神沉郁，食欲减退，随之发生水样或粥样腹泻，后期有的便中带血，若不及时治疗，常在 1 ~ 2 天内死亡。有的病羔不会下痢，而出现腹胀和神经症状，四肢瘫软，卧地不起，最后体温下降而衰竭死亡。尸体严重脱水，典型病变在消化道，真胃内有未消化的凝乳块，小肠黏膜充血发红，溃疡周围有一出血带环绕，有的肠内容物呈血色，肠系膜淋巴结肿胀充血或出血。心包积液，心内膜偶见出血点。

（3）诊断与防治措施

依据流行病学、临床症状及病理变化可做出初步诊断，必要时可采集实质脏器病料进行细菌分离培养及毒素检查进一步确诊。临床上该病应与沙门菌、大肠杆菌及其他原因引起的腹泻病例进行鉴别诊断。

预防：加强怀孕母羊及新生羔羊的饲养管理，适当增加怀孕母羊营养以促进胎儿发育，使出生羔羊体质强健，增强抵抗力。搞好羊舍环境卫生，定期做好消毒工作，应特别注意母羊分娩舍和羔羊圈舍的环境卫生，减少羔羊感染该病的机会。做好新生羔羊保温措施，避免羔羊受冻，确保羔羊吃足初乳，对常发生该病的地区，每年秋季对母羊接种"五联苗"或羔羊痢疾菌苗，产前 2 ~ 3 周再加强免疫 1 次，可使羔羊获得被动免疫。在易发病季节，可采用抗生素进行预防，羔羊出生后 12h 内，每只口服土霉素 0.2g，每天 1 次，连用 3 ~ 5 天。

治疗：隔离发病羔羊，对病程较长的可以治疗，主要用抗菌类药物进行治疗，对病羔所在圈舍进行彻底消毒，对病死羔进行无害化处理。

三、羊链球菌病

该病是由溶血性链球菌引起的一种急性、热性败血性传染病，多发于冬、春寒冷季节（每年 11 月至翌年 4 月）。临床表现为发热、下颌淋巴结与咽喉肿胀、胆囊肿大和纤维素性肺炎。

1. 流行特点

链球菌易侵害绵羊，在老疫区为散发性，新疫区多见于冬春寒冷季节，呈地方性流行。主要通过呼吸道、消化道和损伤的皮肤而感染。

2. 临床症状与主要病变

潜伏期一般为 2 ~ 5 天，病初精神不振，食欲减少或绝食，反刍停止，行走不稳，病羊体温升高至 41℃以上，咽喉部及下颌淋巴结肿大明显，有咳嗽症状，鼻流浆液性或带脓血的分泌物，病程短，病死前会出现磨牙呻吟及抽搐现象。怀孕母羊阴门红肿，有淤血斑，易发生流产。急性病例呼吸困难，24h 内死亡，一般情况下在 2 ~ 3 天死亡。病理变化以出血为特征，主要表现为尸僵不明显，胸腔积液，内脏血管广泛出血，尤以膜性组织最为明显，内脏器官表面常覆有丝状纤维素样物质。肺实质出血、肝变，呈大叶性肺炎。第四胃见有出血斑，而以幽门部较为严重。咽喉扁桃体发炎、水肿、出血、坏死，头颈部淋巴结肿大、出血和坏死。大网膜、肠系膜及肠系膜淋巴结都见有出血。

3. 诊断与防治措施

根据临床症状和剖检变化，结合流行病学可做出初步诊断。确诊时可采集内脏器官组织或心血进行涂片染色镜检，可见双球状或 3 ~ 5 个菌体连成的短链状细菌，周围有荚膜，革兰染色呈阳性。临床上需与羊快疫、肠毒血症、巴氏杆菌病和羊传染性胸膜肺炎等进行鉴别诊断。

（1）预防

加强饲养管理。特别是在冬春寒冷季节，注意做好防寒保暖工作，在换季时适当在饲料中添加维生素、矿物质及预防药物，以提高机体抗病力。平时加强羊群消毒和病羊隔离工作，做好羊圈及场地、用具的消毒。在疫区，可安排疫病流行季节来临之前接种疫苗，每只皮下注射 3mL 羊链球菌病疫苗，3 月龄内羔羊 2 ~ 3 周后再免疫接种 1 次，用量仍为 3mL，免疫期可达半年以上。

（2）治疗

发生该病时，应搞好封锁、隔离、消毒等工作。对假定健康羊只可注射抗羊链球菌血清 40mL 或青霉素。病羊使用青霉素、链霉素或磺胺类药可取得良好疗效。场地、器具等用 10% 石灰乳或 3% 来苏儿严格消毒，羊粪及污物等堆积发酵，病死的羊只最好连皮深埋，尸体表面撒以生石灰粉进行无害化处理。

四、羊传染性结膜角膜炎

羊传染性结膜角膜炎也称为流行性眼炎、红眼病，是由于感染多种病原菌而导致的一种多发急性传染病。不同性别、各个年龄的羊都具有较强的易感性，有时甚至刚出生数日的羔羊也会表现出典型症状，以发生结膜炎、角膜炎、流泪和角膜混浊等为特征。

1. 流行特点

不同生产阶段的羊只均可发病，年幼羔羊更易感染该病，主要传染源是病羊和带菌羊，其结膜囊和鼻泪管中存在病原，通过眼分泌物和鼻分泌物排出病原，即使康复，眼分泌物中也会长时间存在病原，导致该病每年都发生或者从一个季节持续至另一个季节。因此，该病主要经由直接或者密切接触传播，如彼此摩擦、咳嗽、打喷嚏等，还有某些飞蛾和蝇类也能够传播该病。主要在春秋季节发生，快速传播，通常1周即可扩散至全群，往往呈地方性流行。

2. 临床症状和主要病变

潜伏期一般为2～7天。病羊主要特征是眼角膜和结膜明显发炎，病初患羊羞明流泪、眼睑肿胀、疼痛，随后眼角膜潮红、角膜周围血管充血，接着羊角膜出现灰白色混浊或角膜中央有灰白色小点，严重者角膜增厚并发生溃疡或穿孔现象，继而出现失明症状。病羊不会表现出明显的全身症状，体温基本无变化，一般20天内可自然康复。多数病羊只有一侧眼患病，少数出现双侧眼睛都感染。眼球化脓的羊只体温稍微升高，食欲减退，被毛粗乱，常离群呆立，行动不便，行走时易摔倒，或因眼睛看不见而影响采食，导致机体消瘦、衰竭死亡。尽管该病较少引起死亡，但病羊彻底失明后，行动不便容易摔伤；并且无法自行采食，体重急剧减轻，如果长时间未补充营养，容易因过度饥饿而死。

3. 诊断与防治措施

在临床上根据流行特点和症状可做出初步诊断，必要时可采集结膜囊内的分泌物进行细菌分离培养鉴定而确诊。

（1）预防

管理上要尽量减少强光和尘埃对眼睛的刺激。每栋羊舍要尽量相对固定饲养员，禁止相互串门。不同栋羊舍内的各种工具（用具）禁止交叉使用，并确保干燥清洁。每天清扫羊舍，确保干净、卫生，确保无污物、无污水、少臭气，每周至少进行1次消毒。如果羊场条件允许，有羊出现发病后要立即隔离，并立即划定疫区，及时进行清扫消毒。

（2）治疗

病羊立即隔离，及时转移至黑暗处休息，防止光线刺激，同时采取药物治疗。对病羊的眼睛要先用 2% 硼酸溶液清洗，拭干后涂以土霉素或四环素软膏等，每日 2 ~ 3 次，连用 5 ~ 7 天，直至痊愈。病羊污染的羊舍要彻底清扫，确保将栏舍内的羊粪清扫干净，并运送至指定点进行堆积发酵。

五、羊布鲁氏菌病

布鲁氏菌病简称"布病"，是由布鲁氏菌感染引起的人畜共患传染病，该病分布广，易传染给人。其特征是感染后引起生殖器官和胎膜发炎，导致流产、不育和各种组织的局部病灶。

1. 流行特点

多种家畜、人对布鲁氏菌均有不同程度的易感性。该病在各日龄羊均可感染，其中母羊较公羊易感，且随着性成熟，易感性会逐渐增强。该病的传染源是病羊及带菌羊，尤其是受感染的妊娠母羊，在其流产或分娩时，可随胎水、胎儿和胎衣排出大量布鲁氏菌。该菌具有高度的侵袭力，可通过皮肤、黏膜侵入，也可通过污染的饲料、饮水从消化道侵入，或吸入污染的粉尘从呼吸道侵入，也可在配种时经黏膜接触感染。在羊群中，发病初期仅见少数孕羊流产，随后逐渐增多，严重时流产率可达 90%。

2. 临床症状与主要病变

该病潜伏期 15 天至半年，多数病例为隐性感染。绵羊布鲁氏菌主要引起公羊睾丸炎和附睾炎。母羊流产前一般无明显的前兆，多数表现少量减食，体温升高，精神萎靡，阴唇潮红肿胀，阴门流出黄色黏液，个别病羊还出现乳房炎、支气管炎、关节炎及滑液囊炎等症状。妊娠母羊因胎盘坏死引起流产，常发生在母羊怀孕后的 3 ~ 4 个月，流产后母羊迅速恢复正常食欲。

剖检可见胎衣呈黄色胶冻样浸润，有些胎衣覆有黏稠状物质，胎盘有出血、水肿病变。流产胎儿主要为败血症病变，浆膜和黏膜可见出血点或出血斑，皮下和肌肉间发生浆液性浸润，脾脏和淋巴结肿大，肝脏中有坏死灶。公羊可发生化脓性睾丸炎和附睾炎，睾丸肿大，后期睾丸萎缩。

3. 诊断与防治措施

根据流行病学，流产胎儿、胎衣的病理损害及不育等可做出初步诊断。实验室可通过血清平板凝集试验进行确诊。

（1）预防

坚持预防为主，自繁自养，严禁从疫区引种羊。必须引种羊或补充羊群时，要严格进行检疫和隔离，对阳性和可疑病羊要及时隔离淘汰处理。定期对羊群进行抽血普查，一经发现，立即淘汰，并做好用具和场所的消毒工作，以及流产胎儿、胎衣、羊水和产道分泌物的无害化处理。

（2）治疗

该病无治疗意义，一般不治疗。羊群若被确诊为布鲁氏菌病或在检疫中发现该病，均应及时采取封锁、隔离，就地扑杀，并进行无害化处理。

六、羊炭疽病

炭疽病是由炭疽芽孢杆菌感染引起的一种急性、热性和败血性人畜共患传染病，常呈散发性或地方性流行，绵羊最易感染。该病的主要特征是高热、败血症，脾脏显著增大，皮下及浆膜下有出血性胶冻样浸润，血液凝固不全。

1. 流行特点

羊发生该病多为最急性或急性经过。草食动物，尤其是幼龄羔羊最易感，常呈地方流行性。病羊是主要传播源，经消化道感染，主要为采食炭疽杆菌污染的饲料、饲草和饮水；其次是通过皮肤感染，主要由吸血昆虫叮咬所致。在夏季雨水多、洪水泛滥、吸血昆虫多易发生传播，因此多发于 6 ~ 8 月。

2. 临床症状与主要病变

该病潜伏期一般为 1 ~ 5 天，绵羊常发生急性型炭疽，表现为食欲废绝，呼吸困难，行走摇摆、磨牙，颤抖，全身痉挛，迅速倒地，可见身体天然孔流出血液，并很快死亡。剖检可见尸体迅速腐败，尸僵不全，天然孔有暗红色血液，血液不凝、呈煤焦油样。可视黏膜发绀，皮下、肌间、浆膜下呈胶样出血点。肝脏肿大 2 ~ 5 倍，脾髓软化如糊状，切面呈暗红色，出血。全身淋巴结肿胀，呈黑红色，切面呈褐红色，有出血点。

3. 诊断与防治措施

由于对炭疽病尸体严禁剖检，因此特别注意外观症状综合判断，以免误剖。疑似炭疽病的死羊可用消毒棉棒浸透血液，涂片、亚甲蓝染色，镜检即可初步确诊。要注意与巴氏杆菌病进行区别。防治措施必须严格执行兽医卫生防疫制度。

（1）预防

在该病流行地区饲养的，每年按免疫计划接种疫苗。常用炭疽 II 号芽孢苗注射 1mL，或无毒炭疽芽孢苗皮下注射 0.5mL。一般疫苗接种后 15 天可产生免疫力，免疫期持续为 1 年左右。

（2）治疗

若发现可疑病羊应立即隔离，马上报告当地畜牧管理行政部门，划定疫区，封锁发病场所，实施一系列防疫措施。病羊接触过的地面、栏舍、墙壁、用具等立即用 10% 烧碱水或 2% 漂白粉连续消毒 3 次，间隔 1h，羊群除去病羊后，全群用抗菌药 3 天。病羊的尸体、粪便、垫草、剩余饲料等全部焚烧。对假定健康羊群应紧急免疫接种。

病羊必须在严格隔离条件下进行治疗，对病程稍缓的病羊可采用特异血清疗法结合药物治疗。应用抗炭疽血清注射全群，病初应用该药有特效，每只羊肌内分点注射 30 ~ 80mL。必要时 12h 后再重复注射 1 次。治疗时使用青霉素、土霉素、链霉素及磺胺嘧啶等药物对该病治疗均有较好的疗效。临床上最常用的是青霉素，第一次用 160 万单位，每隔 4 ~ 6h 再用 80 万单位，进行肌内注射。

七、羊支原体肺炎

羊支原体肺炎是由多种支原体引起的一种高度接触性传染病，俗称"烂肺病"。该病常呈现地方性流行，主要通过空气、飞沫经呼吸道传染，感染率和死亡率都很高，临床症状主要表现为高热、咳嗽，胸和胸膜发生浆液性和纤维素性炎症等。

1. 流行特点

一般在自然条件下，由丝状支原体山羊亚种引起的只感染山羊，尤其是 2 岁以下的山羊最易感，而绵羊支原体对山羊和绵羊均有致病作用，该病主要经呼吸道感染，常呈地方流行性。阴雨连绵、寒冷潮湿、羊群密集和拥挤等因素，有利于空气、飞沫传染的发生；多发生在冬季和早春枯草季节，羊只营养缺乏，容易受寒感冒，机体抵抗力降低，较易发病，发病后病死率也较高。

2. 临床症状与主要病变

病羊初期出现精神沉郁，呆立懒动，独处一隅；随着病程延长，病羊体温突然升高，甚至可达 41.5℃以上，呼吸急促并有痛苦的鸣叫声，部分病羊呼吸困难、咳嗽，流出浆液带血鼻液，极度委顿，目光呆滞，少数羊有转圈现象；严重病羊四肢伸直，卧地不起，明显的腹式呼吸，每次呼吸出现全身颤动；眼结膜高度充血，发绀，口流泡沫状唾液，极少数病羊有角弓反张现象；数天后咳嗽变得更加严重，眼睑肿胀，眼角有脓性分泌物，鼻液转为铁锈色的脓性黏液，持续高热，食欲大幅减退；头颈伸直，腰背拱起，腹肋紧缩。最后，病羊极度衰弱，倒卧不起；怀孕母羊则出现流产和死胎。新疫区以急性病例多见，慢性型在老疫区多见或由急性病例转变而成，表现为不时咳嗽，消瘦，被毛粗乱，肺炎症状时轻时重。剖检变化主要在肺、胸腔和纵隔淋巴结，表现为浆液性纤维性胸膜肺炎病理变化。慢性病例表现为纤维素性肺炎、胸膜炎，肺部肝变区界限清楚，其外有肉芽组织形成包囊，与胸膜粘连，胸腔积液较多并有大小不等的黄白色纤维素性凝块，淋巴结实质变性、变硬或萎缩，气管内含有黏液的脓性渗出物，黏膜充血。

3. 诊断与防治措施

根据该病的流行病学、临床症状与病理变化可做出初步诊断，必要时进行支原体的分离培养和鉴定。临床上应与羊链球菌病、巴氏杆菌病进行鉴别诊断。

（1）预防

加强饲养管理，支原体肺炎是在运输应激条件下易发生的传染病，病羊可通过鼻腔分泌物排出病原，感染近距离接触的羊而发病。因此，减少运输过程及到场后的不良应激成为关键。坚持自繁自养原则，在有条件情况下，坚决进行自繁自养，这是防控疫病发生的有效办法。加强疫病预防，按时对羊圈进行有效消毒，随时发现并隔离病羊，做到早诊断、早治疗。

（2）治疗

治疗上应强调用药的及时性和有效性。先使用支原净、泰乐菌素、替米考星等抗生素药物进行试探性治疗，临床选择疗效明显的药物；确定有效药物后，一般连用5～7日；同时注射解热、镇痛及抗炎的药物，以解除羊只的体温反应；另外，有脱水反应的，应补充糖、电解质和水，有神经症状的，可使用镇静的药物。在治疗过程中强调连续用药，并做好必要的对症治疗，遇到气候转变时，病羊还有可能复发，需做好防范工作。

第四节
常见寄生虫病防治技术

一、羊片形吸虫病

该病又称羊肝片吸虫病，由肝片吸虫和大片吸虫寄生于肝脏胆管内引起的一种寄生虫病，是羊主要的寄生虫病之一。

1. 流行特点

该病分布广泛，宿主范围广，季节性强，多发生于春末、夏秋季节，经口腔感染是唯一的感染途径，具有较强的地方流行性，各种日龄羊均易感染发病，特别是在雨水多、地势低、沼泽地带放牧的羊易感染该病。

2. 临床症状

临床表现可分为急性型和慢性型两个类型。

（1）急性型

多见于夏末和秋季。主要表现体温升高、精神沉郁、食欲减少或废绝，拉稀粪或黏液性稀粪，严重贫血，黄疸，可视黏膜苍白，肝区触摸有压痛感，严重病例多在出现症状后3～5天内死亡。

（2）慢性型

慢性病例较多见，可发生于任何季节。病羊逐渐消瘦、被毛粗乱、食欲不振、黏膜苍白，极度贫血，在眼睑、颌下、胸部、腹部皮肤出现水肿，便秘和下痢交替出现，最后衰竭死亡，个别病羊可耐过。

3. 病理变化

病死羊可视黏膜贫血明显，剖检可见腹水明显增多，肝脏肿大硬化、色泽为暗灰色、肝小叶间结缔组织增生并呈绳索样突出于肝脏表面，切开胆囊和胆管可见一些片形吸虫成虫，胆管壁发炎并有磷酸钙等盐类沉淀，肝脏内静脉管腔内也有数量不等的虫体堆积和污浊浓稠的液体。

4. 诊断

根据临床症状、流行病学情况、虫卵检查及病理剖检结果做出综合判断，还可通过有关免疫学、血清学进行诊断。

5. 防治措施

（1）预防

坚持定期驱虫，每年春末和秋季选用肝蛭净、阿苯达唑和硝氯酚等药物对羊群进行2次驱虫。对羊舍的粪便采用堆积发酵的方法杀灭虫卵，防止虫卵再污染牧草和场所。在有较多中间宿主淡水螺的地方要经常性灭螺。饮水需选用自来水、井水等。

（2）治疗

治疗羊肝片吸虫病的药物主要有以下几种。

肝蛭净（三氯苯唑），对成虫、幼虫均有效，用量为每千克体重12～15mg，一次灌服。

阿苯达唑，为广谱驱虫药，对成虫效果好，但对童虫和幼虫效果较差，用量为每千克体重10～15mg，一次灌服。

硫氯酚（别丁），对成虫有效果，用量为每千克体重80～100mg，一次灌服。

溴酚磷（蛭得净），对成虫、幼虫均有效，用量为每千克体重10～16mg，一次灌服。

二、羊胰阔盘吸虫病

该病是由阔盘吸虫寄生于牛、羊、兔和人等胰管内的一种人畜共患寄生虫病，主要引起宿主营养障碍和贫血，引起下痢、贫血和水肿等，严重时可导致死亡。

1. 流行特点

该病一般在冬春季节发病，呈地方性流行，多发生在低洼、潮湿的放牧地区。该病的流行与陆地的螺、草螽的分布和活动有密切关系。

2. 临床症状

感染虫体数量少时，多呈隐性感染。阔盘吸虫大量寄生时，由于虫体刺激和毒素作用，胰管发生慢性增生性炎症，使管腔窄小甚至闭塞，胰消化酶的产生和分泌及糖代谢功能失调，引起消化及营养障碍。患羊消化不良，精神沉郁、消瘦，贫血，颌下及胸前水肿，常下痢，粪中常有黏液，严重时因衰竭而死。

3. 病理变化

尸体消瘦，胰腺肿大，胰管因高度扩张呈黑色蚯蚓状突出于胰脏表面，粗糙不平，胰管发炎变得肥厚，管腔黏膜不平，呈乳头状小结节突起，并有点状出血，内含大量虫体。慢性感染则因结缔组织增生而导致整个胰脏硬化、萎缩，胰管内仍有数量不等的虫体寄生。

4. 诊断

羊胰阔盘吸虫病的虫体较小，虫体呈半透明状，在显微镜下内部器官结构清晰可见，虫卵为黄色或深褐色、卵圆形、卵壳厚、一端有卵盖，内有毛蚴。

5. 防治措施

（1）预防

加强饲养管理，做到定期驱虫和消灭中间宿主（蜗牛、草螽等），做好粪便的堆积发酵。

（2）治疗

在临床上可使用吡喹酮，用量为每千克体重60～80mg，一次性进行灌服。

三、羊线虫病

寄生于羊消化道的线虫种类繁多，主要有捻转血矛线虫、仰口线虫、食道口线虫、毛尾线虫、毛圆线虫和细颈线虫等，通常为混合感染，多数寄生于真胃、小肠、大肠等部位，引起的疾病基本相似，其特征是胃肠炎、腹泻、消化紊乱、营养不良和羊体瘦弱等，常造成羊只高死亡率、低繁殖率。各种线虫对羊造成不同程度的危害，其中危害最为严重的是捻转血矛线虫（又称捻转胃虫）。

1. 流行特点

各种日龄的羊只均可发生，但以羔羊发病率和死亡率较高，成年羊有一定的抵抗力，也常出现"自愈现象"，各种消化道线虫均为土源性发育，没有中间宿主环节，羊吞食被感染性幼虫或虫卵污染的饲料、饮水均可感染。不同胃肠道线虫的生活史各不相同，但其虫卵均随粪便排出体外，在外界环境中发育成感染性幼虫或虫卵，这些感染性幼虫或虫卵在自然环境中具有较强的抵抗力，少则几个月、多则可存活数年。羔羊寄生线虫病易发，且危害严重。该病一年四季均可发生，在春夏季节发病率较高，高发季节开始于4月青草萌发时，5～6月达到高峰，随后呈下降趋势，但在多雨闷热的8～10月也易暴发。

2. 临床症状

感染羊只以贫血、衰弱和消化紊乱为主。多数胃肠道寄生线虫以吸食宿主血液为生，损伤宿主肠道黏膜、扰乱宿主造血功能。病羊感染各种消化道线虫后，常表现为被毛粗乱，精神萎靡，食欲不振，消化紊乱，胃肠道发炎，下痢，粪中带血，羊体消瘦，眼结膜苍白、严重贫血，羔羊生长受阻。严重病例下颌、胸下或腹下水肿，若治疗不及时，多转为慢性，此时症状不明显，病羊逐渐消瘦，被毛粗乱，后驱无力，行走不稳，最终因身体极度衰竭而死亡。在运动或放牧时发病的羊群，早期大多以肥壮羔羊突然死亡为特征，随后病羊便出现亚急性症状。

3. 病理变化

除了贫血外，剖检可见各段消化道有数量不等的相应线虫寄生。尸体消瘦，血液稀薄，内脏苍白，胸、腹腔以及心包内有淡黄色积液，大网膜、肠系膜胶样浸润，肝脏、脾脏出现不同程度萎缩、变性，有时还会出现不同程度的真胃黏膜水肿、出血以及肠炎病变，真胃黏膜上和真胃内容物充满大量毛发状粉红色虫体，附着在胃黏膜上时如覆盖着毛毯样一层暗棕色虫体，有的绞结成黏液状团块，有些还会慢慢蠕动。小肠和盲肠黏膜有卡他性炎症，大肠可见黄色小点状结节或化脓性结节、肠壁上遗留有瘢痕状斑点。

4. 诊断

根据该病的流行情况和临床症状，特别是通过饱和盐水漂浮法镜检粪便虫卵或尸检症状即可确诊。

5. 防治措施

（1）预防

加强饲养管理，预防为主，定期进行粪便虫卵检查，羊群每年要用广谱驱虫药进行预防驱虫 2 次，平时发现感染率高时要及时驱虫。避免感染性幼虫、虫卵污染饲料及饮水。圈舍实施离地平养，粪便堆积发酵，杀死虫卵，场内净道污道严格分开，减少虫体感染机会。

（2）治疗

感染发病时采用阿苯达唑治疗，用量为 10 ~ 15mg，一次灌服；或用左旋咪唑，用量为每千克体重 6 ~ 10mg，一次灌服。严重感染时间隔 7 ~ 10 天再驱虫 1 次，以后每 2 ~ 3 个月定期驱虫 1 次。

四、羊前后盘吸虫病

该病是由前后盘科各属吸虫寄生于反刍动物的瘤胃和胆管中所引起的一种寄生虫病的总称。

1. 流行特点

该病引起牛、羊的感染率很高，南方较北方更为多见。主要发生于夏秋季节，其中间宿主分布广泛，几乎在沟塘、小溪、湖沼和水田中均有大量小锥实螺，与该病的流行成正相关。

2. 临床症状

多数无明显症状，严重感染时可表现精神不振、食欲减退、反刍减少、消瘦、贫血、水肿、顽固性拉稀，粪便呈水样，恶臭，混有血液。发病后期精神萎靡，极度虚弱，眼睑、颌下、胸腹下部水肿，衰竭死亡。成虫感染引起的症状是消瘦、贫血、下痢和水肿，但过程比较缓慢。

3. 病理变化

剖检可见尸体消瘦，黏膜苍白，腹腔内有红色液体，有时在液体内还可发现幼小虫体。真胃幽门部、小肠黏膜有卡他性炎症，黏膜下可发现幼小虫体，肠内充满腥臭的稀粪。胆管、胆囊膨胀，内有幼虫。成虫寄生部位损害轻微，在瘤胃壁的胃绒毛之间吸附有大量成虫。

4. 诊断

幼虫引起的疾病，主要是根据临床症状，结合流行病学资料分析来诊断。还可进行试验性驱虫，如果粪便中找到相当数量的幼虫或症状有所好转，即可做出诊断。对成虫可用沉淀法在粪便中找出虫卵加以确诊。

5. 防治措施

（1）预防

羊群定期驱虫，羊粪要堆积发酵杀灭虫卵，避免饮用有中间宿主生活的水源，减少感染机会。

（2）防治

可使用硫氯酚（别丁）进行驱虫，用量为每千克体重 80 ～ 100mg，一次灌服，还可使用阿苯达唑、氯硝柳胺等药物进行驱虫。

五、羊绦虫病

羊绦虫病是由裸头科中的多种绦虫寄生于羊的小肠内而引起的一种慢性、消耗性寄生虫病，对羊的危害较大。在诸多绦虫病中，以莫尼茨绦虫病最为常见，危害也较其他绦虫严重，尤其是对羔羊，可能造成成批死亡。

1. 流行特点

该病分布很广，一年四季都可发生，其中南方在每年的 5 ~ 6 月发病率最高，在其他季节也可持续感染。该病对 2 ~ 7 月龄的幼羊感染率比较高，而对成年羊的感染率比较低。传播媒介与地螨有关。

2. 临床症状

羊感染后的症状因感染强度及年龄的不同而异，轻度感染时无明显症状，严重感染时病羊精神沉郁、消瘦、消化不良或顽固性下痢，粪便中夹带有绦虫的孕卵节片，有的因虫体成团引起肠道阻塞，产生腹痛甚至发生肠破裂，因腹膜炎而死亡，有的后期痉挛或有转圈、空嚼、痉挛和弓背等症状，最终衰竭死亡。

3. 病理变化

该病的主要病变是尸体消瘦，贫血，可在病死羊小肠中发现数量不等的虫体，有时可见肠壁扩张、肠套叠乃至肠破裂，心内膜和心包膜有明显的出血点。

4. 诊断

根据粪便中检查到特征性虫卵以及在病死羊小肠中检查到该病的虫体即可诊断，也可进行驱虫试验，如发现排出绦虫虫体和症状明显好转即可做出确诊。

5. 防治措施

（1）预防

应每年定期进行驱虫 2 次，同时控制该病的中间宿主（地螨）。

（2）治疗

常用药物有 1% 硫酸铜溶液，用量为每只灌服 15 ~ 40mL，现配现用，禁止用铁器盛装；氯硝柳胺，用量为每千克体重 80 ~ 100mg，一次灌服；硫氯酚，用量为每千克体重 80 ~ 100mg，一次灌服；吡喹酮，用量为每千克体重 60 ~ 80mg，一次灌服。

六、羊球虫病

该病是由艾美耳球虫属的多种球虫寄生于羊肠道所引起的一种原虫病，以下痢、便血、贫血、消瘦和发育不良为主要特征。该病对羔羊危害最为严重。

1. 流行特点

各品种的绵羊对球虫病均易感，羔羊的易感性最高，可引起死亡。流行季节多为春、夏、秋季，冬季气温低，不利于卵囊发育，因此很少发生感染。羊舍卫生环境差，草料、饮水和哺乳母羊的奶头被粪便污染，都可传播此病。在突然变更饲料和羊抵抗力降低的情况下也易诱发该病。

2. 临床症状

潜伏期为 15 天左右。依感染的种类、感染强度、羊只的年龄、抵抗力及饲养管理条件等不同而发生急性或慢性过程。急性病例病程为 2～7 天，慢性经过的病程可长达数周。病羊精神不振，食欲减退或消失，被毛粗乱，可视黏膜苍白，腹泻，粪便中常含有大量卵囊。病羊体温上升到 40～41℃，严重者可导致脱水衰竭而死亡，死亡率为 10%～25%。

3. 病理变化

尸体消瘦，脱水明显，尸体后躯常被稀粪或血粪污染。剖检可见肠道黏膜上有淡白色、黄色圆形或卵圆形结节状坏死斑，大小如粟粒到豌豆大，内容物为糊状或水样，肠系膜淋巴结炎性肿大。

4. 诊断

该病可通过新鲜羊粪进行饱和盐水漂浮法或直接镜检发现大量球虫卵囊而确诊，临床上应注意该病与其他肠道疾病混合感染的问题。

5. 防治措施

（1）预防

加强饲养管理，保持圈舍及周围环境的卫生，定期消毒，及时进行粪便堆积发酵以杀灭虫卵。临床上可以阶段性使用抗球虫药物进行预防。

（2）治疗

抗球虫药物种类很多，对不同的虫种作用存在差异，不同抗球虫药具有不同的活性高峰期，有的抗球虫药对球虫免疫力会有影响，长期反复使用常产生抗药性，应因地制宜，合理选用。治疗球虫病效果比较好的药物有磺胺二甲嘧啶、磺胺喹噁啉和氨丙啉等。

第五节
常见普通病防治技术

一、瘤胃积食

该病是由于湖羊的瘤胃充满过量的饲料，超过了正常容积，致使胃容积异常增大，胃壁过度扩张，食糜滞留在瘤胃引起的一类严重消化不良的疾病。

1. 发病原因

该病的病因是由于采食了大量质量不良、难于消化的饲料（如地瓜藤、玉米秸秆和粗干草等），或采食了大量易膨胀的饲料（如大豆、豌豆和谷物等）。继发病因源于前胃弛缓、瓣胃阻塞、创伤性网胃炎和真胃炎等。

2. 主要症状

多发生于进食后一段时间，主要表现为精神不安、弓背、后肢踢腹等症状，食欲减少或废绝，反刍、嗳气减少或停止，瘤胃坚实，瘤胃蠕动极弱或消失，腹围增大，呼吸急促，严重时卧地不起或呈昏睡状态。

3. 诊断

触诊瘤胃表现为胀满和硬实，听诊瘤胃蠕动音减弱或消失，结合临床症状可做出初步诊断。临床上还要与前胃弛缓、瘤胃臌气、创伤性网胃炎等进行鉴别诊断。

4. 防治措施

（1）预防

加强羊群的饲养管理，平时不要饲喂过于粗硬干燥的饲料，防止羊只过饥后的过度暴食。更换饲料时要逐步过渡。

（2）治疗

发病初期，在羊的左肷部用手掌按摩瘤胃，每次按摩 5 ~ 10min，以刺激瘤胃，使其恢复蠕动，也可灌服液状石蜡油 100 ~ 200mL，或灌服硫酸镁或硫酸钠 50 ~ 80g（配成 8% ~ 10% 浓度）。对个别严重的可肌注硫酸新斯的明针剂或维生素 B₁ 针剂，并结合强心补液提高治愈率。

二、瘤胃臌气

该病是由于瘤胃内容物异常发酵，产生大量气体不能以嗳气排出，致使瘤胃体积增大，多因饲喂豆科植物或谷物类饲料过多而引起。

1. 发病原因

湖羊瘤胃臌气包括原发性病因和继发性病因。原发性病因是由于羊在较短时间内吃了大量易发酵的精料、幼嫩牧草或变质饲料等。继发性病因常见于羊发生食道阻塞、前胃迟缓、瓣胃阻塞和创伤性网胃炎等疾病后出现的瘤胃臌气。

2. 主要症状

突然发病，食欲下降，嗳气停止，腹围明显增大，左肷部突出，叩诊为鼓音，病羊烦躁不安，严重时呼吸困难，可视黏膜发绀，排少量稀粪，随后停止排粪。如处理不及时，病羊很快就会倒地呻吟或出现痉挛症状，几个小时内即出现死亡。

3. 诊断

临床可见羊只突然发病，食欲下降，嗳气停止，腹围明显增大且叩诊为鼓音，即可做出诊断。

4. 防治措施

（1）预防

加强饲养管理，不喂太多的精料或吃太多的幼嫩牧草（如紫云英和紫花苜蓿等）。

（2）治疗

治疗以排气、制酵和泻下为原则。在早期可灌服食用油 100 ~ 200mL 或液状石蜡油 100mL、鱼石脂 2g、酒精 10mL 混匀后加适量水灌服，也可选用陈皮酊 50mL 或龙胆酊 50mL 适量兑水后灌服。对于臌气特别严重的应进行瘤胃穿刺放气，操作过程要控制放气速度，防止因放气速度过快而出现脑缺氧或腹膜炎等。

三、胃肠炎

该病是由于胃肠壁的血液循环与营养吸收受到严重阻碍而引起的胃肠黏膜及其深层组织发生炎症的一种疾病。

1. 发病原因

由于饲养管理不当，采食了大量冰冻、腐败、变质或有毒的饲草饲料，或草料中混有化肥或具有刺激性药物。

2. 主要症状

病羊食欲废绝，口腔干燥发臭，舌面覆有黄白苔，常伴有腹痛，表现为磨牙、口渴、弓背，同时排出稀粪或水样稀粪，气味腥臭或恶臭，粪中有血液或坏死的组织片。由于腹泻，常引起脱水，严重时病羊体质消瘦，极度衰竭，四肢末端冰凉，卧地不起，最后昏睡或抽搐而死亡。

3. 主要病变

眼球凹陷，胃肠黏膜易脱落，肠内有大量水样内容物，肠系膜淋巴结肿胀。

4. 防治措施

（1）预防

加强饲养管理，不喂霉烂变质和冰冻饲料，消除各种导致胃肠炎的病因，饲喂定时、定量，饮水应清洁，保持圈舍内干燥、通风。

（2）治疗

首先应消除病因，治疗原则是清理胃肠，保护肠黏膜，制止胃肠内容物腐败发酵，预防脱水和加强护理。对严重腹泻的病羊，可用抗生素及磺胺类药物配合收敛剂进行治疗。为防止胃肠内容物腐败，可内服 0.1% 高锰酸钾溶液；为吸附肠内有毒物质，可内服药用炭。

四、羊流产

羊流产是指母羊妊娠中断，或胎儿不足月就排出子宫而死亡的疫病。

1. 发病原因

造成羊流产的原因很多，有传染性的病因如感染布鲁氏菌病、变形杆菌病、弓形虫病和衣原体病等，也有非传染性病因如母羊的饲养管理不良、饲料发霉、药物中毒和生殖系统疾病等其他多种原因。

2. 主要症状

突然发生流产者，一般无特征性表现。发病缓慢者，表现精神不佳，食欲停止，腹痛起卧，努责，阴户流出羊水，待胎儿排出后稍为安静。妊娠母羊流产往往是在子宫内胎儿死亡 2～3 天后发生。病羊在流产前 2～3 天表现为精神不振，喜卧，食欲消失，饮水增多，常由阴门排出黏液或带血的黏性分泌物，并可能伴有体温升高，随后阴户流血、胎儿和胎盘先后排出。在妊娠初期发生流产，因胚胎和胎盘尚小、与子宫黏膜结合较松，妊娠母羊流产迅速，妊娠后期发生流产，其症状与正常分娩相似，因胎儿较大或子宫收缩力不足等原因，易发生难产。病羊表现为食欲减退、行为异常、常努责，阴户流出血色黏液。若同一羊群病因相同，则陆续出现流产，直至受害母羊流产完毕。

3. 诊断

传染性病因导致的流产，一般发病率比较高、发病面积广。非传染性病因多为零星发生。

4. 防治措施

根据病因采取相应的防治措施。

（1）预防

对于非传染性流产，应加强饲养管理，防止怀孕母羊的意外伤害，饲喂的饲料要营养平衡、无霉变，不拥挤、不受冷等。定期驱虫，避免寄生虫病的侵害。按计划进行免疫接种，控制传染病的发生。

（2）治疗

对有流产预兆的母羊要采取保胎和安胎措施，每次可肌注黄体酮 15～25mg，每日或隔日 1 次，连用数次。对已发生流产的母羊，要让母羊把胎儿和胎衣排除干净，必要时人工助产或肌注催产素或氯前列烯醇；胎儿死亡、子宫颈未开时，可先注射己烯雌酚 2～3mg，使子宫颈开张，然后从产道拉出胎儿。

对于流产面积比较大的羊群，应及时找出流产的病因，及时果断采取相应的防范措施。

五、瘤胃酸中毒

该病多数是由于管理不善，过量采食玉米粉、大麦等富含碳水化合的谷物类饲料，在瘤胃内快速发酵产生大量乳酸引起的急性乳酸中毒病。

1. 发病原因

饲养过程中突然增加精料饲喂量，不适应而发病，如肥育期用大量谷物饲料饲喂。病羊瘤胃正常微生物种群遭到破坏，产酸的乳酸杆菌等迅速繁殖，产生大量乳酸，使瘤胃 pH 降至 6 以下，分解纤维素的相关菌群被抑制，pH 越低危害越严重。由于瘤胃内渗透压升高，体液向瘤胃内渗透，致使瘤胃膨胀、机体脱水；同时大量乳酸被机体吸收，引起机体酸中毒。瘤胃内存在的大量乳酸将引发瘤胃炎，导致瘤胃壁坏死、脱落，继发毒血症。

2. 主要症状

一般在大量采食玉米粉等精料后 4～8h 发病，发病迅速。病初表现精神沉郁，目光呆滞，不断起卧，食欲和反刍废绝，流涎、空嚼磨牙，姿势强拘，后肢疼痛、卧地不起，角弓反张，摔头、昏迷。触诊瘤胃胀软，体温正常或轻微升高。随着病情发展，出现眼球下陷，尿量减少、呈酸性，心跳加快，呼吸困难、急促，有时张口伸舌或喘气呻吟。肌肉发生阵发性痉挛、卧地昏迷而死亡。急性病例常于发病后 4～6h 死亡，有的轻型病例可以耐过。剖检可见瘤胃内容物为粥状，呈酸性、恶臭，瘤胃黏膜脱落、有大批黑色坏死区。

3. 诊断

根据日粮组成、临床症状、病理变化和瘤胃液及其他检验结果可做出诊断。

4. 防治措施

（1）预防

加强饲养管理，避免过量采食精料，肥育期增加精料量要有一周左右的过渡期，应该逐日增加精料，使其有个适应过程。精料与粗料搭配应合理，一般干草等粗饲料占日粮干物质的 60% 以上。按日粮配方加工成全混合日粮则更合理，饲料利用率高，采食后也更健康。总体来说应该严格控制精料饲喂量，干草喂量要充足；给碳水化合物饲料时，应逐渐增加使其习惯，严禁突然大量饲喂；为防乳酸蓄积，可在谷类精料中加入 2% 的碳酸氢钠为宜。

（2）治疗

采用瘤胃冲洗疗法。用开口器开张口腔，将内径 1cm 胃管经口腔插入胃内，吸出瘤胃内容物，用石灰水或 2% 碳酸氢钠水溶液 2000mL 反复冲洗，直至瘤胃液呈中性，最后灌入碳酸氢钠 6g、氧化镁 4g，可缓解酸中毒。

六、羊乳房炎

羊乳房炎是由于病原微生物感染而引起羊只乳腺、乳池、乳头发炎，乳汁理化特性发生改变的一种疾病，主要特征是乳腺发生炎症，乳房红肿、发热、疼痛，影响泌乳功能和产乳量。多见于泌乳期。

1. 发病原因

该病多见于挤奶技术不熟练，损伤了乳头，或分娩后挤奶不充分，乳汁积存过多及乳房外伤等原因引起。临床上有的是因感染葡萄球菌、链球菌、大肠杆菌和化脓杆菌等引起。

2. 主要症状

（1）急性乳房炎

乳房发热、增大、疼痛、变硬，挤奶不畅，乳房淋巴结肿大，乳汁变稀或挤出絮状、带脓血乳汁，同时可表现不同程度的全身症状，体温升高、食欲减退或废绝，急剧消瘦，常因败血症而死亡。

（2）慢性乳房炎

多因急性型乳房炎未彻底治愈而引起。一般没有全身症状，患病乳区组织弹性降低、僵硬，触诊乳房时发现大小不等的硬块，乳汁稀、清淡，泌乳量显著减少，乳汁中混有粒状或絮状凝块。

3. 诊断

该病一般通过观察或触诊患病羊只乳房即可确诊。

4. 防治措施

（1）预防

保持羊舍清洁、干燥、卫生和通风。挤奶时注意母羊乳房的消毒工作，动作要轻，遇到产奶较多时要控制精料摄入量，并做好怀孕母羊后期和泌乳期的饲养管理工作。

（2）治疗

在发病早期可对乳房局部采用冷敷处理，中后期可采用热敷和涂擦鱼石酯软膏进行消炎处理。对化脓性乳房炎可采取手术排脓和消炎处理。在挤干净奶后可通过乳导管将消炎药物稀释后注入乳房内，每天2～3次，连用3～5天。对有全身症状的病羊，要用抗生素进行全身治疗。

七、羊支气管肺炎

羊支气管肺炎又称为小叶性肺炎，是发生于个别肺小叶或几个肺小叶及其相连接的细支气管的炎症，多由支气管炎的蔓延所引起。

1. 发病原因

由于受寒感冒，长途运输后饲养管理不良，机体抵抗力减弱，受病原菌的感染或直接吸入有刺激性的有毒气体、霉菌孢子和烟尘等而致病。

2. 主要症状

病羊体温升高，呈弛张热型，最高时达40℃以上。主要表现喘气、咳嗽，呼吸困难，脉搏加快，鼻流浆液性或脓性分泌物。叩诊胸部有局灶性浊音，听诊肺区有捻发音。

3. 主要病变

气管和支气管有大量泡沫样分泌物，肺淤血，局灶性肺部肉样病变，严重病例肺部可出现纤维性渗出病变。

4. 诊断

根据对病史的调查分析和临床症状观察，可做出初步诊断。

5. 防治措施

（1）预防

加强饲养管理，注意供给优质、易消化饲料和清洁、温热饮水，增强抗病能力。圈舍应通风良好、干燥向阳，冬、春季保暖防寒，以防感冒。

（2）治疗

以抗菌消炎、祛痰止咳为治疗原则。可用庆大霉素、恩诺沙星、氟苯尼考和磺胺类等药物控制感染。

八、羔羊白肌病

羔羊白肌病主要是由于羔羊体内微量元素硒和维生素 E 缺乏或不足而引起的以骨骼肌、心肌和肝脏组织变性、坏死为特征的一类疾病。

1. 发病原因

由于饲草中硒元素和维生素 E 含量不足，或饲草中钴、锌、银、钒等微量元素过高影响羔羊对硒的吸收而导致。当饲草中硒含量低于 0.5mg/kg 时，就有可能会发生该病。该病的发生往往呈地方流行性，特别是在羔羊中的发病率较高，而成年羊有一定的耐受性。

2. 主要症状

患病羔羊消化紊乱，并伴有顽固性腹泻、心率加快、心律不齐和心功能不全。机体逐渐消瘦，严重营养不良，发育受阻，站立不稳，走路时后肢无力、拖地难行、步态僵直，强行驱赶时双后肢似鸭子游水一样地运动，发出惨叫声。

3. 病理变化

剖检可见骨骼肌和心肌变性，色淡，似石蜡样，呈灰黄色、黄白色的点状、条状或片状。

4. 诊断

根据地方性缺硒病史、临床表现、病理变化、饲料和体内硒含量的测定可做出诊断。

5. 防治措施

（1）预防

加强对母羊的饲养管理，可在饲料中多补充一些亚硒酸钠预防该病。在缺硒地区，羔羊在出生后第三天肌注亚硒酸钠维生素 E 合剂 1 ~ 2mL，断奶前再注射 1 次，用量为 2 ~ 3mL。

（2）治疗

对发病的羔羊要皮下注射 0.1% 亚硒酸钠针剂 2 ~ 5mL、维生素 E 针剂 100 ~ 500mg，连用 3 ~ 5 天，有一定的效果；也可使用亚硒酸钠、维生素 E 注射液进行肌注治疗。

参考文献

[1] 李艾元，岳万福．湖羊的发展规律及其保护利用[J].现代畜牧兽医，2020(9).

[2] 张晋爱，史泽根．秸秆饲料化利用的研究进展[J].中国饲料，2023（14）.

[3] 李文杨，王迎港，吴贤锋，等．啤酒糟替代饲粮中不同比例精料对生长性能、营养物质表观消化率、氮代谢和血清生化指标的影响[J].动物营养学报，2022，34（10）.

[4] 冉雷，黄小云，范彩云，等．发酵茶渣对肉羊生长性能、瘤胃发酵参数和营养物质表观消化率的影响[J].动物营养学报，2022，34（3）.

[5] 曾旭，周凌博，毛寿林，等．发酵豆渣的营养特性及其在反刍动物生产中的应用研究[J].饲料研究，2024（3）.

[6] 孙伟．湖羊高效养殖生产技术指导[M].北京：中国农业科学技术出版社，2018.

[7] 叶均安，何世山．规模湖羊场精细化饲养管理技术及装备[M].北京：中国农业出版社，2018.

[8] 赵有璋．现代中国养羊[M].北京：金盾出版社，2005.

[9] 赵兴绪．羊的繁殖调控[M].北京：中国农业出版社，2008.

[10] 黄勇富．南方肉用湖羊养殖新技术[M].重庆：西南师范大学出版社，2004.

[11] 岳文斌，任有蛇，赵祥，等．生态养羊技术大全[M].北京：中国农业出版社，2006.

[12] 冯仰廉．反刍动物营养学[M].北京：科学出版社，2004.

[13] 王金文．肉用绵羊舍饲技术[M].北京：中国农业科学技术出版社，2010.

[14] 杨富裕，王成章．食草动物饲养学[M].北京：中国农业科学技术出版社，2016.

[15] 李文杨，刘远，张晓佩，等．山羊舍饲高效养殖技术[M].福州：福建科学技术出版社，2017.